LES OISEAUX

Editions M.C.

Traduction francaise: Marie-Thérèse Fremau.

Published by Marshall Cavendish Books Limited
58 Old Compton Street
London W1V 5PA

ISBN 0 86307 365 4

Imprimé en Italie.

INTRODUCTION

Les rivières, les lacs et les cours d'eau constituent un habitat naturel merveilleux pour de très nombreux oiseaux. De multiples espèces sont attirées par la nourriture abondante et par la profusion de la nature qu'ils offrent.

L'observateur que vous êtes trouvera donc facilement une étendue d'eau où foisonnent les oiseaux. La campagne abonde évidemment en cours d'eau, rivières, lacs ou étangs; dans les villes, cependant, les rivières, les canaux et même les bassins des parcs attirent quantité d'oiseaux.

Les Oiseaux des rivières, lacs et cours d'eau vous familiarisera avec toutes les sortes d'oiseaux que vous êtes susceptibles de voir sur l'eau ou dans l'eau, que ce soit un magnifique Balbuzard pêcheur ou des oiseaux plus communs comme le Fuligule morillon ou la Poule d'eau.

Pour plus de facilité, les oiseaux sont classés par famille. On trouvera, pour chaque oiseau, une description détaillée et des informations complètes sur son genre de vie, sa taille, son abondance et sa reproduction. Des photos et des illustrations en couleurs vous aideront à les identifier rapidement.

SOMMAIRE

RIVIÈRES, LACS ET COURS D'EAU

Toutes les étendues d'eau intérieures, qu'elles soient naturelles ou non, attirent une très grande variété d'oiseaux et offrent à l'observateur un spectacle des plus fascinants et des plus gratifiants

On trouve des oiseaux partout où il y a de l'eau. Les rivières, les lacs et les cours d'eau abritent une très grande variété d'oiseaux, du magnifique Balbuzard pêcheur à la Bergeronnette des ruisseaux aux couleurs éclatantes et à la queue frétillante, en passant par les canards et les plongeons. Toutes les espèces citées dans ce livre, malgré leur extrême diversité, vivent près d'une étendue d'eau. Les campagnes abondent évidemment en cours d'eau, rivières, mares et étangs, mais on trouve également des étendues d'eau dans les villes, dans les parcs et les jardins publics, en particulier. L'homme aménage en outre un nombre croissant de plans d'eau. Les sablières abandonnées, les réservoirs, les canaux et même les égouts hébergent maintenant un grand nombre d'espèces intéressantes.

Chaque espèce vivant sur l'eau ou près de l'eau, a un mode de vie qui lui est propre. Ainsi, les particularités de l'environnement peuvent permettre à l'observateur de supposer quels types d'oiseau sont susceptibles d'y vivre et de mieux comprendre leur comportement.

Torrents

Les cours d'eau à débit rapide se caractérisent généralement par une pente plus ou moins forte et un lit caillouteux. Leurs eaux turbulentes et froides ne permettent pas aux plantes aquatiques et aux insectes d'y prospérer: seuls de petits poissons et quelques insectes aquatiques y vivent. Leus rives caillouteuses sont peu hospitalières et offrent une nourriture rare: la végétation peu abondante, parfois même inexistante, n'autorise qu'un nombre relativement petit d'espèces d'oiseaux à y nicher. Il est toutefois intéressant d'observer ce type d'habitat puisque certains oiseaux s'y sont adaptés et y sont nombreux. Le Chevalier guignette, le Cincle plongeur et la Bergeronnette des ruisseaux, tous deux très actifs, fréquentent ces cours d'eau. Le Chevalier guignette et la Bergeronnette des ruisseaux se nourrissent d'insectes aquatiques rejetés sur les rives par le courant; le Cincle plongeur cherche sa nourriture au fond de l'eau, retournant les cailloux pour trouver des larves d'insecte.
Ces trois oiseaux ont la particularité de sautiller constamment. Ce comportement reste mystérieux, mais l'on suppose qu'il leur permet de se confondre avec le scintillement de l'eau et des vaguelettes. Pour les voir, il faut donc scruter attentivement la surface de l'eau.

Lacs de montagne

En été, les lacs de montagne sont souvent à sec; malgré cela, leurs rives caillouteuses attirent les Chevaliers guignettes et l'on voit même près des lacs de montagne les plus reculés des Plongeons catmarins et des Plongeons arctiques, dont les cris plaintifs et obsédants sont portés par les eaux.

En haut, à gauche: Les étendues d'eau, naturelles ou artificielles, offrent aux oiseaux abri et nourriture.
À gauche: Bassin dans un parc: il est surprenant de voir le nombre d'espèces se côtoyant.
En bas, à gauche: Le Grèbe huppé aime nicher au bord des lacs ou des étendues d'eau douce, comme ce grand réservoir: il dépose un tas de mauvaises herbes, de branchages, de chiffons et même des journaux sur des branches tombées.
Ci-dessus: Pour certaines espèces, l'eau reste le principal point d'attache: c'est donc un lieu d'observation idéal, même au cœur de l'hiver. Ici, les déplacements des canards ont empêché l'eau de geler.

Le Balbuzard pêcheur est le plus gros prédateur que l'on trouve dans ce type d'habitat: il aime nicher près de lacs de montagne reculés, lorsqu'ils sont entourés de grands arbres. Le Héron cendré affectionne les lacs plus accessibles entourés d'arbres qui lui servent de postes de guet et d'aire de nidification.

Cours d'eau

Les cours d'eau et rivières serpentant paresseusement dans les plaines sont plus riches que les autres en plantes aquatiques, et donc en matières nutritives. Les herbes, arbustes et arbres ornant leurs berges constituent la principale source de nourriture de beaucoup de canards se nourrissant en surface, comme le Canard souchet, le Canard pilet et la prudente Sarcelle. Le Canard souchet possède un bec en forme de pelle parfaitement adapté à ce type d'habitat: il peut ainsi fouiller les creux remplis d'eau boueuse et en extraire des particules de nourriture.
L'abondante végétation des berges fournit de nombreux matériaux de construction pour les nids d'un certain nombre d'espèces, dont le Grèbe huppé, le Grèbe castagneux et le Canard colvert; elle permet également à la gracile Poule d'eau de se cacher. Le Martin-pêcheur affectionne aussi les cours d'eau lents, bordés de roseaux, les canaux et les lacs entourés de nombreux arbres ou arbustes, qu'il utilise comme perchoirs.

Oiseaux des rivières, lacs et cours d'eau

Oiseaux de proie
Balbuzard pêcheur
Grand Aigle criard
Aigle pomarin

Échassiers
Petit Gravelot
Chevalier guignette

Martins-pêcheurs, pics et espèces voisines
Martin-pêcheur

Alouettes, hirondelles et bergeronnettes
Bergeronnette des ruisseaux
Bergeronnette grise

Grues, râles et outardes
Poule d'eau
Foulque noire
Foulque à crête
Grue cendrée
Demoiselle de Numidie

Hérons et cigognes
Héron cendré
Flamant rose

Troglodytes, accenteurs et espèces voisines
Cincle plongeur

Gibier d'eau
Cygne domestique
Cygne de Bewick
Cygne chanteur
Oie cendrée
Bernache du Canada
Fuligule morillon
Fuligule milouin
Garrot à l'œil d'or
Garrot d'Islande
Garrot arlequin
Harle bièvre
Harle huppé
Harle piette
Érismature à tête blanche

Mouettes, sternes et pingouins
Mouette mélanocéphale
Mouette rieuse
Goéland cendré
Sterne hansel
Guifette moustac
Guifette leucoptère
Guifette noire

Plongeons et grèbes
Plongeon catmarin
Plongeon arctique
Plongeon imbrin
Grèbe huppé
Grèbe à cou noir
Grèbe esclavon
Grèbe jougris
Grèbe castagneux

Étangs et lacs artificiels
Pour bon nombre d'espèces, l'obsession de l'homme pour la propreté et l'amélioration de l'environnement est néfaste. L'abattage des arbres et des arbustes, le nettoyage des berges, entre autres, privent certaines espèces, comme le Martin-pêcheur, de leur aire naturelle de nidification.
L'action de l'homme a également des aspects très positifs. Presque partout en Europe, de nombreux lacs et étangs artificiels ont été créés ou aménagés en zone de plaine, et offrent un refuge à beaucoup d'oiseaux, pendant l'hiver, lorsque la saison est rigoureuse, en particulier.
Au cours des 40 dernières années, beaucoup de plans d'eau ont été aménagés à partir de gravières et de sablières désaffectées et attirent maintenant de nombreux oiseaux, la nature ayant repris ses droits. Ces gravières furent ensuite alevinées par les pêcheurs et l'on a constaté une forte augmentation de la population de Grèbes huppés et de Petits Gravelots.
En Europe méridionale, les marais salants ont une grande importance pour la vie des oiseaux. Ce type d'habitat, a priori peu hospitalier, est riche en matières nutritives et abrite une grande variété d'oiseaux nichant sur l'eau. Le plus connu et certainement le plus caractéristique d'entre eux est le Flamant rose de Camargue.

Balbuzard pêcheur

L'avidité et la stupidité des hommes ont failli compromettre la réapparition de ce bel oiseau de proie en Écosse. Heureusement, la reproduction du Balbuzard pêcheur est maintenant assurée

Au siècle dernier, la population de Balbuzards pêcheurs a considérablement diminué et avait même totalement disparu de certains pays, au début des années 1900. Ainsi, en Suisse, le dernier couple a été observé en 1911, et en Écosse et au Danemark en 1916. Leur disparition est essentiellement due au ramassage des œufs et à la cupidité des collectionneurs de spécimens. Ces oiseaux se nourrissant de poissons, ils ont été également persécutés par les pêcheurs de truites et de saumons; c'est ainsi que le Balbuzard pêcheur a pratiquement disparu de l'Europe entière, sa population ne restant abondante qu'à l'est de la Scandinavie et en Russie. Aujourd'hui encore, on tue environ 1 000 balbuzards tous les ans.

La situation en Grande-Bretagne

En 1954, le Balbuzard pêcheur revint nicher en Écosse. De la couvée connue de quelques ornithologues des Highlands seulement, deux jeunes survécurent. Le couple revint en 1955, mais l'emplacement du nid ayant été révélé, les œufs furent dérobés par un collectionneur. Il choisit un nouvel emplacement, à Loch Garten; les œufs furent à nouveau volés. Il élut alors domicile sur un pin mort, en montagne, et sa présence fut signalée à la Royal Society for the Protection of Birds par un observateur bien intentionné. Malheureusement, la saison était trop avancée pour que la femelle ponde à nouveau, et les oiseaux repartirent.

Par la suite, la RSPB entreprit de protéger et de surveiller en permanence le site de Loch Garten et installa des clôtures de fils barbelés et des téléphones. Malgré cela, un collectionneur pénétra dans cette zone, mais son incursion échoua et les œufs furent écrasés. Un hiver, un vandale scia en partie l'arbre sur lequel nichait le couple. Les Balbuzards pêcheurs réussirent cependant à se reproduire et la région de Loch Garten devint l'une des réserves les plus connues, en Europe. Le nombre de balbuzards a progressivement augmenté et, en 1982, 27 couples y étaient recensés.

À gauche: Le bec crochu et extrêmement pointu du Balbuzard pêcheur est un excellent outil pour déchirer la chair de ses victimes. Ci-dessus: Le Balbuzard pêcheur a l'habitude d'emporter sa proie sur un perchoir: il la tient entre ses serres, la tête vers l'avant, et cherche un endroit tranquille pour la dévorer, une fois morte.

Les actions en faveur de la protection de la nature et des oiseaux ont contribué au retour des balbuzards en Grande-Bretagne. Toutefois, ce succès revient principalement à la Suède et à l'attitude plus éclairée de son gouvernement, qui permit de protéger cet oiseau dès 1920: la population s'accrût alors rapidement et franchit la frontière de la Norvège. En 1970, on comptait au moins 1000 couples en Suède. On peut donc affirmer que les Balbuzards pêcheurs d'Écosse viennent de cette grande réserve. Ceci est confirmé par le fait que, au siècle dernier, les Balbuzards pêcheurs d'Écosse nichaient principalement dans des îles, sur des lacs, alors que la population actuelle niche uniquement à la cime des arbres, comme leurs cousins de Scandinavie.

En Grande-Bretagne, les pisciculteurs ont maintenant une attitude plus favorable à l'égard de cette espèce. Autrefois, ils sortaient leurs fusils dès qu'ils voyaient un balbuzard pêcheur planer au-dessus d'une rivière, alors qu'aujourd'hui, même les pisciculteurs les plus soucieux de leurs profits le tolèrent. Ceci est dû au fait que le régime alimentaire du Balbuzard pêcheur, qui se composait autrefois de brochets et de truites brunes indigènes, a changé depuis l'introduction de la truite arc-en-ciel — qui provient d'ailleurs souvent des propres viviers des pisciculteurs. L'augmentation du nombre de ceux-ci, au cours des 20 dernières années, a peut-être contribué à celle des Balbuzards pêcheurs, bien que l'attitude généralement désintéressée des propriétaires de pêcherie ait probablement joué un rôle plus important.

Migrations

Le Balbuzard pêcheur habite la Scandinavie et l'Écosse, mais quitte en hiver ces régions enneigées et leurs lacs gelés. Le passage de ces oiseaux quittant leurs aires de nidification pour hiverner permet aux ornithologues amateurs des régions plus méridionales d'observer cette espèce bien particulière. Parmi tous les oiseaux de proie, le Balbuzard pêcheur est, en fait, le plus facile à identifier. Il vole les ailes inclinées, à la façon d'une mouette: de loin, on le confond avec une grosse mouette, plutôt qu'avec un autre oiseau de proie. C'est un puissant voilier qui alterne de lents battements d'ailes et de courts moments de vol plané.

Pendant la migration, en automne particulièrement, le Balbuzard pêcheur séjourne longtemps dans les régions où il trouve de la nourriture en abondance. Depuis une quinzaine d'années, heureusement, de nombreux grands réservoirs ont été alevinés pour la pêche dite "sportive", pour la pêche à la truite en eau tranquille en particulier, et offrent une nourriture de choix au Balbuzard. En Angleterre, on voit parfois des Balbuzards pêcheurs passer une ou plusieurs semaines près de ces plans d'eau, au grand divertissement des ornithologues amateurs et des pêcheurs.

Les Balbuzards pêcheurs d'Europe hivernent dans les pays méridionaux et, contrairement aux autres oiseaux de proie se rassemblant en grand nombre près des détroits de Gibraltar et du Bosphore, traversent la Méditerranée en divers endroits. Bien que certains hivernent sur les rivages sud de la Méditerranée, la plupart survolent le Sahara pour hiverner en Afrique tropicale; dans les lacs et rivières de ces régions, ils chassent en compagnie de l'Aigle pêcheur d'Afrique.

En général, les populations d'Écosse hivernent en Afrique occidentale, entre la Gambie et la Mauritanie, celles de Suède entre le Sénégal et le Nigéria, la colonie finlandaise hivernant plus au sud et à l'est, entre le Gabon et le Zaïre.

PARTICULARITÉ

Le Balbuzard pêcheur se baigne souvent, 15 minutes parfois, et s'envole ensuite pour sécher ses ailes. Après avoir capturé une proie, il se pose sur un arbre et reste quelque temps à se lisser et s'huiler les plumes avant de la dévorer. Son repas terminé, il nettoie son bec en secouant la tête de droite et de gauche.

Tous les Balbuzards pêcheurs d'Europe hivernent generalement au nord de l'équateur. On a observé quelques individus au sud de l'Afrique, mais il semble qu'ils soient originaires d'URSS. Beaucoup d'oiseaux venant de Sibérie hivernent aussi au sud de l'équateur, en Inde et en Malaisie. Les Balbuzards ne nichent pas en Afrique tropicale.
La migration, bien que nécessaire en raison de la rigueur du climat des pays nordiques, n'est pas sans danger. La traversée du Sahara est hasardeuse et, en Europe méridionale, le Balbuzard est considéré par les chasseurs comme du beau gibier. En Crète, il est en bonne place dans de nombreuses vitrines de taxidermistes, bien que les visiteurs soient incontestablement rares, sur cette île.
L'espérance de vie du Balbuzard est légèrement inférieure à deux ans, après qu'il a quitté le nid. S'il survit à ses premières années, le jeune a de très bonnes chances de vivre quatre à cinq ans — dans une région broussailleuse, on a même recensé un Balbuzard ayant atteint l'âge respectable de 32 ans.

Un plongeon spectaculaire
Pour pêcher, le Balbuzard vole ou plane au-dessus de l'eau et lorsqu'il a discerné une proie, il plonge directement ou bien s'immobilise et effectue de petits bonds avant de se jeter dans l'eau, les pattes les premières, et de saisir sa victime entre ses pattes et ses serres. Selon son angle de chute, il peut simplement emporter sa proie ou disparaître dans l'eau avec de grandes éclaboussures; dans ce dernier cas, le Balbuzard éprouve parfois quelques difficultés à s'élever de l'eau et devra abandonner sa proie.
Le Balbuzard attrape sa proie et, une fois en vol, tourne celle-ci entre ses pattes de façon que sa tête soit dirigée vers l'avant. Les gros poissons se débattent parfois furieusement, même hors de l'eau. Au début, les jeunes plongent souvent sans attraper de poisson et dépendent de leurs parents plusieurs semaines après avoir quitté le nid.
Le Balbuzard ne pêche pas en profondeur et s'accommode des espèces qu'il trouve. En Scandinavie, il se nourrit principalement de brochets, de perches, de vandoises et parfois de brêmes. dans certaines régions. Il n'attrape généralement que des poissons de petite taille, mais en Allemagne de l'Est on a vu un balbuzard pêcher un brochet de plus d'1 kg. On a même vu des oiseaux faire des efforts désespérés pour emporter des poissons de plus de 3 kg, des carpes, des perches, des brochets et des saumons, en particulier, et se noyer parce que leurs serres étaient prises dans les arêtes de ceux-ci. Ils relâchent généralement les gros poissons au risque de laisser leur faim inassouvie, jusqu'à la prise d'une proie plus petite.

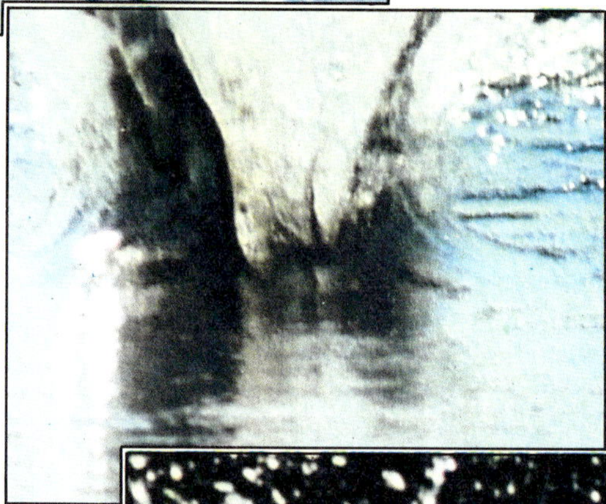

Le film ci-dessus illustre la technique utilisée par le Balbuzard pour pêcher. ***De haut en bas:*** *Après avoir repéré une truite, l'oiseau plonge, les pattes les premières; serres déployées et les yeux bien fixés sur le poisson, il se prépare, tombe et s'enfonce dans l'eau avec sa proie et s'en saisit. Presqu'aussitôt, il essaie de prendre son vol, en éclaboussant autour de lui. À cet instant, l'oiseau met toute la force de ses ailes en jeu pour s'élever et gagner de la hauteur. En même temps, il doit maintenir sa pression sur sa proie. La truite est un gros poisson et nécessite toute la force et l'attention du balbuzard. Il n'est pas rare que celui-ci lâche sa proie: l'effort nécessaire pour l'emporter surpasse parfois les forces de ce puissant oiseau.*

Description

Le Balbuzard pêcheur est un gros rapace piscivore, à la silhouette élancée, fréquentant généralement en solitaire les lacs et les fleuves, ainsi que les côtes des régions méridionales.
Identification: Grandes ailes étroites brun foncé sur le dessus, blanches sur le dessous, extrémités noires et tache noirâtre au coude. Plane et bat lentement des ailes, comme une grosse mouette, mais avec des battements plus amples. Tête blanche avec bande noire à œil et courte crête. Longueur: 55-58 cm.
Voix: Généralement silencieux. Echange de piaulements et de sifflements entre les partenaires, à la saison des nids.
Nourriture: Truites, brochets, perches, vandoises et autres.
Distribution: Espèce répandue dans le monde entier, ne faisant généralement qu'hiverner sous les tropiques. En Europe, niche sur le pourtour de la Baltique, en Norvège et en Écosse et sur les côtes occidentales de la Méditerranée.
Population: Généralement en déclin. A pratiquement disparu d'une grande partie du nord-ouest et du sud-est de l'Europe. La population d'Europe d'élève à 3 200 couples environ.
Déplacements: Migrateur. Quitte l'Europe pour hiverner en Afrique. Quelques individus hivernent en Méditerranée.
Reproduction: Niche sur un arbre, un surplomb rocheux, à même le sol en terrain plat, ou sur une légère pente. Entre la mi-mars au sud et le début de juin au nord, la femelle pond 2 à 3 œufs, rarement 1 ou 4, de couleur crème, tachetés de bordeaux, de brun et de gris. Les partenaires les couvent alternativement 37 jours. La femelle s'occupe des petits, le mâle leur apporte du poisson. Les jeunes quittent le nid à 52 jours environ.

La patte du Balbuzard pêcheur saisit facilement des proies fuyantes; ses pattes terminées par des serres pointues et ses doigts pourvus de piquants, à l'intérieur, lui permettent de maintenir sa pression sur le poisson.

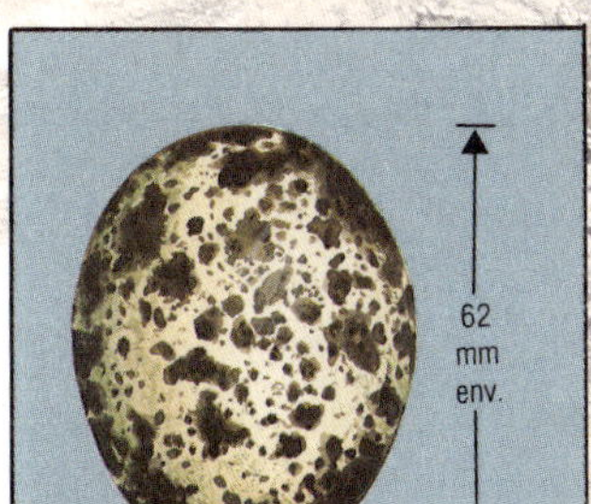

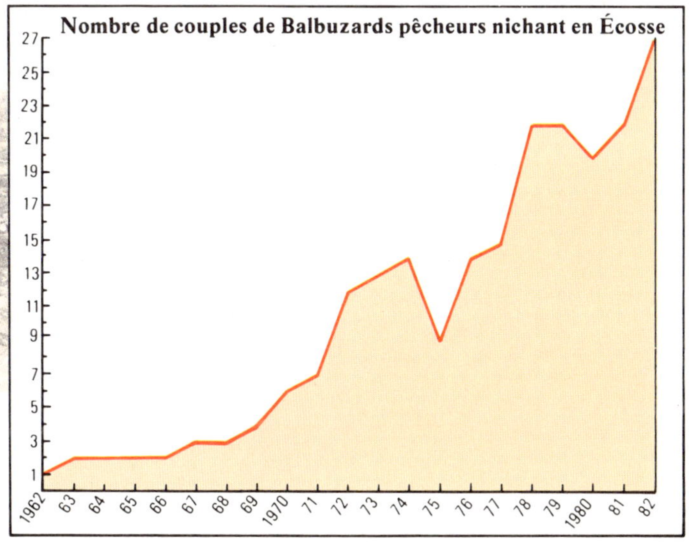

Le Balbuzard pêcheur, absent d'Écosse depuis 1916, est revenu nicher dans les Highlands depuis 1954. Le graphique illustre l'évolution de la population de l'espèce au cours des vingt dernières années.

Grand Aigle criard

Le Grand Aigle criard fréquente les clairières des forêts, dont le nombre est en diminution constante, et leurs abords. C'est un oiseau migrateur nidifiant en Europe orientale

Il appartient au groupe des "Aigles criards", généralement grands et bruns. Comparé aux oiseaux de ce groupe, le Grand Aigle criard est de taille moyenne et son envergure est de 165 cm. Ses larges ailes, son cou relativement court et sa queue élimée lui donnent, en vol, l'apparence d'un "tapis volant". Il plane les ailes étalées, les rémiges légèrement retombantes — caractéristiques que l'on retrouve chez l'Aigle pomarin, très proche.

La migration

Le Grand Aigle criard est un oiseau migrateur, mais il ne descend généralement pas très au sud. La plupart des oiseaux d'Europe et, probablement, de Russie occidentale hivernent en Grèce, en Turquie et dans les régions limitrophes du Moyen-Orient. Ils arrivent début octobre, mais, étant peu nombreux, il n'est pas facile de les observer. Dans le Bosphore, en Turquie, par exemple, ou l'on étudie la migration des oiseaux de proie depuis longtemps, on ne dénombre généralement que 10 grands aigles criards en automne, et environ 10 000 aigles pomarins.

Ces Grands Aigles criards viennent des grandes forêts humides et naturelles qui existent encore en Europe orientale et en Russie — sans lesquelles cette espèce disparaîtrait.

Dans les clairières de ces forêts et leurs abords, l'oiseau se nourrit d'animaux vivant généralement près de l'eau: rats d'eau, canards, jeunes hérons, poules d'eau, reptiles et amphibiens, et également de charognes. Dans ses quartiers d'hiver. où l'on peut le voir voler et planer au-dessus des marais ou de l'eau, son régime alimentaire est analogue.

Ci-dessus: Grand Aigle criard immature. Les jeunes ont sur les ailes des taches qui forment, à l'âge adulte, des barres pleines.

Description

Le Grand Aigle criard (*Aquila clanga*) est un aigle de taille moyenne, à tête et bec petits. Espèce relativement commune, mais population en déclin.

Identification: Brun foncé, avec bordure blanche sur le dessus de la queue. Longueur: 65-72 cm.

Voix: Jappements.

Nourriture: Très variée; vertébrés tels qu'oiseaux et souris, en particulier.

Distribution: Régions forestières tempérées de l'est de la Pologne à l'est de la Sibérie, URSS comprise.

Population: Difficile à dénombrer; probablement inférieure à 50 couples en Europe, plus importante en Russie.

Déplacement: Quitte les aires de nidification d'Europe pour hiverner dans le nord de l'Italie, en Grèce, en Turquie, dans le Golfe persique et, au sud de la vallée du Nil, au Tchad et au Kenya.

Reproduction: La femelle pond 1 à 3 œufs blancs à gris-blanc, tachetés de brun, en mai.

À gauche: Ce Grand Aigle criard a un plumage beaucoup plus clair que celui des individus de son espèce.

Aigle pomarin

A la fin du mois de septembre, on peut assister, à Istanbul, au spectacle extraordinaire du rassemblement de milliers d'Aigles pomarins autour des minarets

L'Aigle pomarin est l'aigle migrateur le plus commun d'Europe orientale et c'est à Istanbul, ou même plus à l'est encore, que l'on peut observer le passage spectaculaire de ces oiseaux. Les ailes de l'Aigle pomarin, bien que larges, sont légèrement plus petites et plus effilées que celles du Grand Aigle criard. Son corps et les plumes de couverture sont également plus clairs et contrastent parfois assez nettement avec les plumes des ailes, plus sombres.

Vol et migration

Comme beaucoup de grands oiseaux de proie, l'Aigle pomarin n'aime pas traverser les mers, parce que la fraîcheur de l'air nécessite plus d'efforts pour voler en altitude. C'est pourquoi les aigles migrateurs se rassemblent près des détroits, dans le Bosphore, en Turquie, par exemple. Le tournoiement de ces oiseaux dans le ciel d'Istanbul, en septembre, est un spectable inoubliable.
Au milieu des mosquées et des minarets d'Istanbul et des brouillards du Bosphore, on voit alors tournoyer des busards, dans un léger bruissement d'ailes. Ils annoncent l'arrivée de la première vague d'Aigles pomarins quittant leur territoire de nidification d'Europe orientale pour hiverner en Afrique. Au cours de la seconde quinzaine de septembre, 19 000 aigles pomarins environ passent généralement au-dessus de la ville pour rejoindre le grand fossé d'effondrement africain. Ces dernières années, Israël a recensé les oiseaux de proie traversant la Terre sainte et l'on a constaté avec surprise que plus de 80 000 aigles pomarins migraient vers le sud en automne; la population serait donc supérieure à ce que l'on supposait.

Ci-dessus: Une femelle et son unique petit, gris et duveteux, sur leur volumineux nid de branchages.

Sur les deux œufs pondus, un seul petit survit généralement.

Description

L'Aigle pomarin (*Aquila pomarina*) est un petit rapace brun de la taille d'une buse, répandu dans les forêts de l'est de l'Europe. On le trouve en plaine dans le nord de sa distribution et dans les forêts montagneuses, au sud.
Identification: Larges ailes moins longues que celles d'une buse, foncées au-dessous; queue chamois clair contrastant avec les plumes des ailes. Longueur: 61-66 cm.
Voix: Jappements haut perchés.
Nourriture: Petits animaux, tels de petits mammifères, des oiseaux, reptiles, amphibiens et insectes.
Distribution: Nidifie dans toute l'Europe de l'Est, depuis la Baltique et l'Estonie, dans les Balkans et en Turquie. Population sédentaire en Inde et en Birmanie.
Population: Assez bien distribuée en Europe, bien que très dépendante de la forêt et donc limitée. A disparu d'Allemagne de l'Ouest, d'Autriche et d'une partie de la Pologne et de la Tchécoslovaquie au cours du siècle dernier. 800 couples environ en Europe.
Déplacements: Les oiseaux d'Europe hivernent dans l'Est africain et survolent pour la plupart le Moyen-Orient. Certains migrent dans l'Ouest africain, au Tchad et au Cameroun.
Reproduction: Niche dans un arbre, au creux des branches. La femelle pond généralement 2 œufs blancs tachetés de roux et de gris, à partir de la mi-avril. Petits recouverts de duvet gris. Un seul survit généralement. Une seule couvée.

Petit gravelot

Le petit gravelot — un des exemples les plus parfaits d'adaptation de l'espèce

Dans n'importe quelle gravière d'Europe, maintenant remplie d'eau, il est aujourd'hui facile d'observer un petit oiseau brun et blanc, au vol rapide, au cri strident et à la queue en éventail, à la saison des amours — ce qui n'était pas le cas il y a seulement 30 ans. Ce petit pluvier a des pattes rose pâle et une tête noire et blanche caractéristique, avec un petit bec noir et mince et un cercle jaune pâle autour de l'œil. Il habite les îlots lacustres et les berges dénudées des rivières. Pour se nourrir, il court furtivement et picore de petits insectes, généralement à la surface de l'eau, en se reposant ci et là, derrière de petits tertres.

Adoption des habitats artificiels
Malgré la quasi-disparition de ses habitats naturels au voisinage des eaux douces, le Petit Gravelot a réussi à accroître sa population et à étendre sa distribution géographique en adoptant de nouveaux habitats. En Europe, cette évolution a été particulièrement spectaculaire à la fin des années 1960. En Angleterre, par exemple, le nombre de couples de Petits Gravelots recensé est passé à près de 500 en 1973, contre 4 en 1944. Ceci est dû, en grande partie, au développement des gravières et sablières, à la construction de nouveaux réservoirs et à l'exploitation des mines à ciel ouvert. L'abandon des sites a permis de créer de nombreux lacs artificiels, à berges peu accidentées. Si le niveau d'eau de ces nouveaux lacs monte ou si la végétation des rives se développe, le Petit Gravelot va simplement plus loin; ce type d'habitat artificiel ne manque heureusement pas.

Parade et nidification
Plusieurs couples peuvent nicher au même endroit, bien que ce ne soit pas la règle. Les Petits Gravelots sont plutôt solitaires et même pendant la migration et la période d'hivernage, en Afrique, il est rare de les voir en groupe.
La saison des nids commence par une parade bruyante, mais le Petit Gravelot se fait beaucoup plus discret, au printemps; il creuse alors son nid dans le sol, sur des rives sablonneuses ou caillouteuses, et le garnit parfois de brindilles cassées ou de petits cailloux. La femelle pond généralement quatre œufs — dont les taches brunes et pourpres offrent un excellent camouflage — qu'elle couve alternativement avec le mâle. Lorsqu'ils ne sont pas dans leur nid, les adultes passent presque tout leur temps à la recherche de nourriture, dans un rayon qui peut atteindre 2 km. Le couple couve et élève ses petits pendant 7 semaines, environ. Les jeunes restent ensuite avec leurs parents encore 25 jours environ, jusqu'à ce qu'ils soient tout à fait indépendants et capables de se nourrir et de se défendre.

Ci-dessous: Petit Gravelot couvant et s'occupant d'un petit nouvellement éclos. Les œufs, tachetés de brun et de pourpre, se confondent facilement avec le sol. Ils éclosent en 3 à 4 semaines.

Chevalier guignette

Le Chevalier guignette est difficile à observer au repos; on l'aperçoit tout d'abord lorsqu'il prend son vol; il émet alors un cri strident très caractéristique

Il fréquente les cours d'eau, les rivières, les étangs, les lacs, mais préfère les eaux douces et limpides, stagnantes ou non, et les berges caillouteuses.
Ce petit échassier brun et blanc est toujours en mouvement et agite constamment la tête et la queue. On l'aperçoit d'abord lorsqu'il s'envole; il émet alors un "hididi hididi" aigu. Il plane ou bat légèrement des ailes juste au-dessus de l'eau et va souvent se poser un peu plus loin sur la berge.
Le Chevalier guignette niche dans des territoires dispersés, le long des rivières et des eaux qui ne gèlent pas. Leur nid est une simple dépression dans le sol, à découvert, parfois à côté de plantes retombantes, pour se protéger des prédateurs.
Quelques individus hivernent sur les côtes de l'Atlantique et de la Méditerranée, mais la plupart migrent en solitaire ou en petits groupes vers l'Afrique tropicale. En cours de route, ils font souvent de courts arrêts au bord de quelques points d'eau dispersés, des étangs ou des fossés, par exemple.

Description

Le Petit Gravelot (*Charadrius dubius*) est répandu sur les berges sablonneuses et caillouteuses des rivières et des lacs.
Identification: Ressemble au Grand Gravelot, excepté une bande blanche derrière le front, noir, et un disque jaune pâle autour de l'œil. Longueur: 14-16 cm.
Voix: Cris variés: sifflements aigus, cri d'alarme et chant rythmé, en vol de parade.
Nourriture: Picore de petites bêtes, des insectes et leurs larves, la plupart du temps en courant.
Distribution: Large, en Europe et en Asie.
Population: Nombreuse mais dispersée, selon l'opportunité des habitats. En expansion depuis peu, surtout dans le nord-ouest de l'Europe et en Grande-Bretagne. 10 000 couples nicheurs environ, en Europe.
Déplacements: Hiverne en Afrique centrale et en Asie. Migre et hiverne en petits groupes.
Reproduction: Niche dans une petite dépression. La femelle pond généralement 4 œufs jaunâtres, tachetés de brun et de pourpre, entre la mi-mai et juin. Les partenaires couvent alternativement les œufs 24 à 26 jours. Petits couverts de duvet chamois tacheté; collier blanc bordé de noir.

Ci-dessous: Le Gravelot a un comportement territorial agressif; les parades d'intimidation sont courantes: 1. et 2.: Tête baissée, corps ramassé et plumes dressées. La parade nuptiale est compliquée. 3. Le mâle ouvre sa queue en éventail, étend ses ailes, 4. et 5.: La femelle passe sous sa queue.

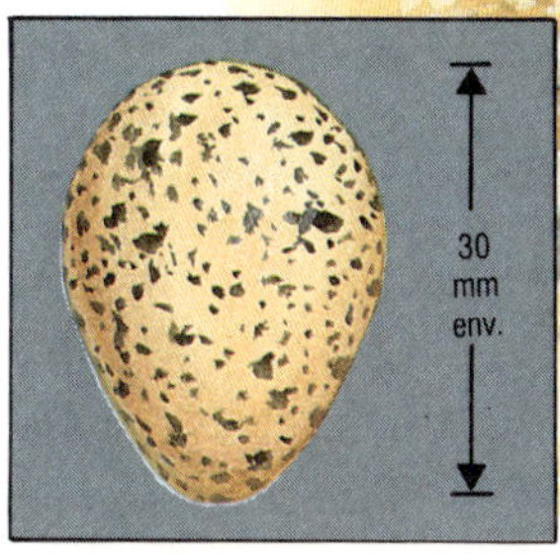

À droite: Chevalier guignette se préparant à s'envoler. Il a un vol saccadé, alternant des battements d'ailes et de brefs vols planés.

Description

Le Chevalier guignette (*Actitis hypoleucos*) est un petit échassier au bec fin, au corps allongé et aux pattes plutôt courtes.
Identification: Ventre blanc, cou et poitrine tachetés, terminés en pointe vers le ventre. Longueur: 19-21 cm.
Voix: Chant rapide et aigu en vol.
Nourriture: Insectes et petits invertébrés.
Distribution: Eurasie.
Population: 800 000 couples environ, en Europe.
Déplacements: Migrateur, dans toute la distribution.
Reproduction: 4 œufs.

Martin-pêcheur

Le Martin-pêcheur vole comme l'éclair et on ne voit généralement de lui qu'un trait bleu irisé. Cet oiseau timide est cependant un prédateur très habile, rapide, précis et extrêmement redoutable

Le Martin-pêcheur, réputé à juste titre pour ses coloris étonnants, nous fascine pour beaucoup d'autres raisons. Son brillant plumage, semblable à celui des oiseaux tropicaux, nous rappelle qu'il appartient à la famille des Alcédinidés — dont la plupart des membres vivent dans les régions tropicales ou subtropicales, mais également en Europe et en Amérique. En Europe, le Martin-pêcheur commun ou eurasien est la seule espèce connue.
Cet oiseau timide préfère les eaux claires et vit généralement au bord des cours d'eau et des canaux, mais également de grandes rivières et de lacs. Il vole bas au-dessus de l'eau et l'on ne distingue généralement qu'un éclair bleu et irisé. Son vol très rapide est l'un des plus directs que l'on connaisse; ses vifs battements d'ailes s'accompagnent d'un doux sifflement. La rapidité de son vol lui permet d'échapper à presque tous les prédateurs. Lorsqu'il ne vole pas, le Martin-pêcheur se perche vivement sur la branche d'un arbre ou sur un poteau; il hoche alors constamment la tête et bat de la queue.

Le plumage coloré du Martin-pêcheur
La popularité du Martin-pêcheur s'explique principalement par son aspect exotique, contrastant avec les oiseaux européens plus ternes. Les origines de cet oiseau ont donné naissance à un certain nombre de mythes et de légendes. Selon l'une d'elles, le Martin-pêcheur aurait été autrefois un oiseau gris et terne qui aurait volé si haut et si vite, au sortir de l'Arche de Noé, que son dos aurait pris la couleur du ciel et que son ventre aurait été brûlé par le soleil. Outre cela, son plumage très coloré sert d'avertissement à ses rivaux et aux autres prédateurs et joue un rôle important dans la défense du territoire: il indique aux rivaux qu'un certain secteur est déjà occupé et aux prédateurs que sa chair n'a pas bon goût. Les insectes colorés bénéficient de ce même type de protection. Par contre, malgré ses couleurs vives, le Martin-pêcheur se confond généralement avec le feuillage des arbres, lorsqu'il est perché.

La reproduction
La parade nuptiale commence par une longue poursuite à travers le ciel et les arbres, le mâle charmant la femelle de son sifflement sonore et haut perché. Le couple formé, la construction du nid commence. Il choisit généralement un rivage sablonneux suffisamment élevé pour être à l'abri des rats, des renards et des autres prédateurs. La femelle exécute alors un va-et-vient continuel, apportant du sable pour fabriquer une sorte de plate-forme. Mâle et femelle creusent ensuite un tunnel, légèrement en pente, de 50 à 100 cm de longueur, en se servant de leurs pattes pour rejeter la terre et le sable. Ce tunnel se termine par une chambre de forme arrondie.
Le nid achevé, le mâle offre un poisson à la femelle; celle-ci le mange et émet un cri saccadé, invitant à l'accouplement. Elle pondra quelque temps après six ou sept œufs blancs.
Dès l'éclosion des œufs, les parents nourrissent à tour de rôle les jeunes de poissons minuscules. Il est curieux de constater que les petits ouvrent instinctivement le bec pour manger, dès qu'un adulte entre dans le nid et fait écran à la lumière du jour.
Lorsque les jeunes savent voler, ils ne quittent pas tout de suite le nid; les parents continuent de les nourrir jusqu'à ce qu'ils sachent

Page ci-contre: Martin-pêcheur adulte tourbillonnant autour de l'entrée du nid avant de s'éloigner.

Encadré: L'oiseau avale d'un coup sa proie, la tête la première, après l'avoir frappée contre un arbre.

Ci-dessus: Martin-pêcheur revenant à son nid avec un poisson pour ses petits. ***Ci-dessous:*** *Retour de pêche d'un couple de Martins-pêcheurs: un gros poisson pour un petit oiseau.* ***En haut, à droite:*** *Jeunes Martins-pêcheurs: leur plumage n'est pas aussi beau que celui de leurs parents. Ils ne peuvent subvenir à leurs besoins tout de suite et doivent être nourris par leurs parents quelque temps encore.*

plonger et pêcher. Ils élèvent généralement une seconde couvée et se séparent, la saison terminée.

La pêche
Le menu habituel du Martin-pêcheur se compose essentiellement de petits poissons. Au bord des rivières et des étangs, il se nourrit d'épinoches, de chabots et de vairons. L'oiseau surveille l'eau de son perchoir favori ou plane quelques instants à 1,5 m de l'eau environ, puis plonge.
Comme beaucoup d'oiseaux se nourrissant d'insectes sur leurs ailes, le Martin-pêcheur possède un système visuel adapté à la recherche et à la capture des proies: chaque rétine comporte deux grandes cavités (fovéoles) et sa vision est binoculaire (une image unique se forme à partir des images reçues par chacun des yeux). Grâce à cela, il peut distinguer des détails extrêmement fins. On suppose qu'une paire de fovéoles lui sert à voir sur terre et l'autre sous l'eau.
Lorsqu'il a repéré un poisson, le Martin-pêcheur ramène ses ailes le long du corps et plonge immédiatement. Le bec ouvert, il plane droit vers lui, simplement porté par la vitesse acquise au moment

Description
Le Martin-pêcheur (*Alcedo atthis*) est un oiseau timide, aux couleurs éclatantes caractéristiques, répandu dans la plupart des plaines d'Europe. Il fréquente les rivières, les cours d'eau, les canaux et vole généralement bas au-dessus de l'eau.
Identification: Corps trapu, queue courte, bec en forme d'épée. Dos bleu-vert, scintillant, raies noires sur la tête et les ailes, tache blanche sur le cou. Ventre châtain orangé, gorge blanche, joues châtain orangé, pattes et pieds rouges. Sexes indifférenciés, à l'exception du bec — tout noir, chez le mâle, tache rouge à la base de la mandibule inférieure, chez la femelle. Vol bas, direct et très rapide. Longueur: 16 cm.
Voix: Sifflement aigu.
Nourriture: Pêche de petits poissons: vairons, truites, épinoches..., en plongeant d'un perchoir ou après un vol plané; mange aussi des mollusques ou des insectes.
Distribution: La plupart des pays d'Europe, de l'Espagne à la Russie d'Europe, excepté la plupart des pays nordiques. Largement répandu en Grande-Bretagne sauf en Écosse où sa présence est limitée aux comtés de l'Est et du Sud. La plupart des pays d'Asie jusqu'au Japon, dans les îles du Pacifique et certaines régions d'Australasie. Certaines régions d'Afrique du Nord, également.
Population: Généralement sédentaire. 5 000 à 9 000 couples actuellement, au Royaume-Uni.
Déplacements: Quelques individus des régions nordiques peuvent migrer vers le sud pour hiverner; certains quittent les eaux intérieures et hivernent sur les côtes, lorsque les les rivières et cours d'eau sont gelés.
Reproduction: Niche ordinairement sur la rive sablonneuse d'une rivière lente; mâle et femelle creusent un long tunnel, parfois entre trois racines, fin avril/début mai. La femelle pond 6 à 7 œufs ronds et blancs dans la cavité non garnie du nid et les couve seule d'abord, puis alternativement avec le mâle, 19 à 21 jours. Le nid est vite rempli de fiente et d'arêtes regurgitées. Les petits, d'abord nus, sont nourris par les deux parents. Leurs plumes sont, à l'origine, recouvertes d'une sorte de gaine de soie cireuse qui se déchire et laisse la place au plumage. Les jeunes volent au bout de 22 à 27 jours, mais sont nourris par les parents jusqu'à ce qu'ils sachent pêcher. Leur plumage est plus sombre, et plus rêche sur la tête, que celui des adultes. Extrémité du bec blanche, pattes rouge foncé. Deux couvées, parfois une seule. La période de reproduction s'étend jusqu'en août, s'il y a deux couvées.

du plongeon. Dans son élan, il saisit le poisson dans son bec, revient à la surface en battant des ailes, puis s'envole d'un dernier coup d'ailes vers l'eau.
Lorsque l'oiseau, même adulte, ne plonge pas à la verticale, il lui est relativement difficile d'apprécier la position exacte d'un poisson en mouvement; le phénomène de la réfraction de la lumière joue en effet et il se peut qu'il doive plonger plusieurs fois avant de capturer une proie. Une longue période d'apprentissage est ainsi nécessaire aux jeunes; quelques-uns se noient d'ailleurs car leur plumage s'imbibe d'eau, à la suite de plongeons répétés.
Le Martin-pêcheur assomme ou tue le poisson, en le tapant contre son perchoir ou tout autre surface dure, avant de le manger. Il doit taper plusieurs fois les épinoches pour casser leur épine dorsale et leurs nageoires, et presque pulvériser les chabots pour pouvoir avaler facilement leurs grosses têtes. Il introduit d'abord la tête du poisson dans son bec pour que les nageoires ne puissent pas s'ouvrir et rester bloquées dans sa gorge.
En Grande-Bretagne, comme vraisemblablement partout en Europe, la population des Martins-pêcheurs a fortement diminué ces dernières années en raison de l'accroissement de la pollution des eaux douces, en partie, mais également de la rigueur de certains hivers. Lorsque les cours d'eau, les lacs et les étangs sont recouverts de glace, la nourriture manque. Même par temps plus doux, si la température descend au-dessous de 0 °C par exemple, le gel colle les pattes du Martin-pêcheur à son perchoir.
Au cours des 20 dernières années, les hivers 1962/63, 1978/79 et 1981/82 furent particulièrement rigoureux. Les derniers chiffres établis indiquent que la population des Martins-pêcheurs a fortement diminué en 1981/82. L'hiver 1962/63, plus rigoureux encore, avait, en particulier, entraîné la disparition complète de l'espèce dans certaines régions d'Angleterre.
Les hivers plus doux qui ont succédé à ceux de 1962/63 et 1978/79 on été marqués par une importante reprise de la natalité, mais il est encore trop tôt pour savoir si les pertes subies en 1981/82 on été réellement compensées, elles aussi.

PARTICULARITÉ

Un trou dans la berge d'une rivière, d'où semble sortir une coulée de matières blanches, indique probablement que les Martins-pêcheurs y nichent. Ces oiseaux semblent peu préoccupés de propreté; les arêtes de poisson et les matières fécales s'amoncellent dans le nid, et s'écoulent en fin de compte à l'extérieur.

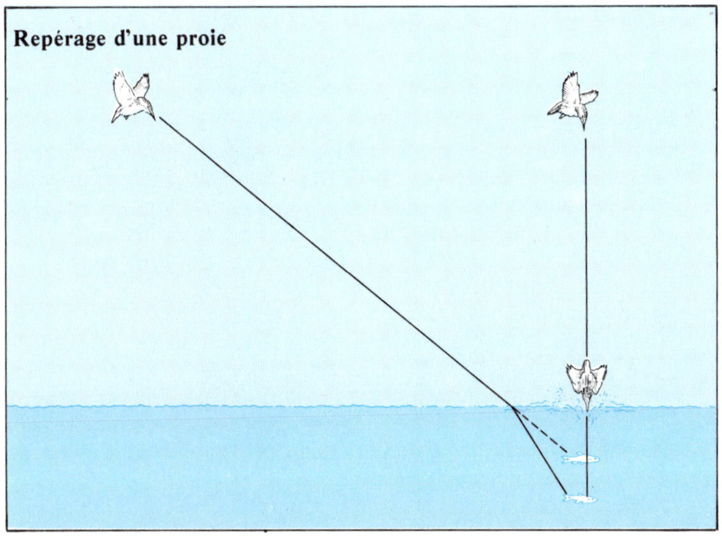

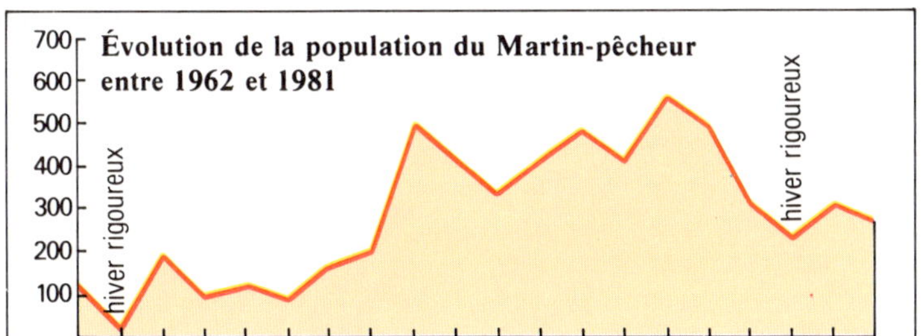

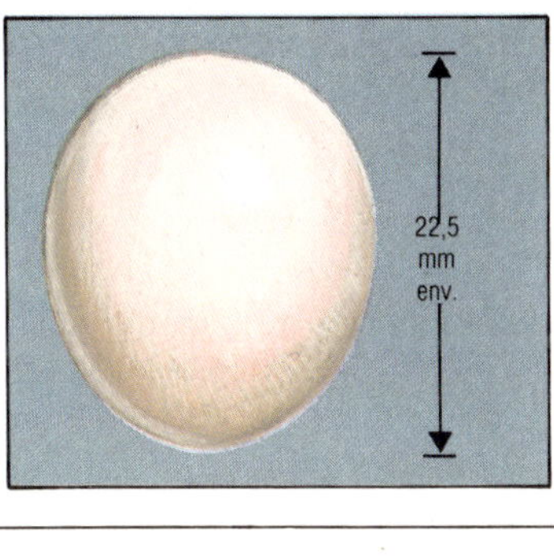

En haut: Sous un certain angle de vision, l'oiseau ne voit pas le poisson là où il est réellement; ce phénomène est dû à la réfraction de la lumière. Le plongeon vertical résout le problème.
Ci-dessus: La population du Martin-pêcheur accuse un net déclin imputable à des hivers rigoureux.

Bergeronnette grise

La Bergeronnette grise est aisément reconnaissable à son plumage noir et blanc. Ses facultés d'adaptation font qu'on la trouve en grand nombre dans les villes comme à la campagne

Toutes les personnes de la campagne sont capables de reconnaître la Bergeronnette grise à son plumage, à son comportement et à son cri aigu "tsi siss". Les jeunes sont également très caractéristiques avec leur poitrine pâle et leur dos noir tachetés de brun, leur allure affairée, leur pas trébuchant et leur queue frétillante.

Elle habite la campagne, mais également les villes, les falaises et les rivages, les abords des rivières de montagne et les îles. On la trouve, en fait, presque partout. Peu exigeante, elle n'a besoin que d'un endroit pour nicher, d'un terrain à végétation rase et, bien entendu, de nourriture.

Elle est peu nombreuse et se raréfie même en région sèche, dans certaines zones agricoles d'Europe et de l'est de la Grande-Bretagne, en particulier. Elle fréquente également peu certains habitats comme les forêts denses, les collines calcaires et crayeuses sèches et le centre des villes. On trouve cependant cet oiseau très adaptable dans beaucoup de régions. Sa distribution s'étend du Maroc, du Portugal et de l'Islande à la côte Pacifique, en passant par l'Eurasie; elle touche l'Alaska mais ne pénètre pas plus à l'intérieur de l'Amérique du Nord.

La nourriture

A la différence des Hirondelles et des Martinets qui happent les insectes qu'ils trouvent dans l'air, la Bergeronnette grise se nourrit en général de graines; elle est cependant très agile dans l'air et attrape souvent de petits insectes sur le dos de ses ailes. Elle ne se livre toutefois à cet exercice, qui est en fait un simple débordement d'énergie, qu'au-dessus de l'eau ou du sol.

Son vol normal, bien que fortement ondulant, est trop direct pour qu'elle puisse chasser ainsi de petits insectes en altitude.

Au sol, la Bergeronnette ne sautille jamais; elle semble marcher sur la pointe de ses longues pattes et de ses griffes, changeant constamment de direction et d'allure, à la poursuite de sa proie. Lorsqu'elle marche lentement, sa tête et sa queue s'agitent légèrement, de bas en haut. A l'arrêt, elle se tient la tête dressée et la queue baissée, frétillant parfois vigoureusement. Elle peut se retourner d'un coup, fondre de ses jambes étincelantes sur sa proie, puis reprendre aussi soudainement un petit pas tranquille. Il est possible que sa tactique inhabituelle, au rythme cassé, et son plumage lançant des éclairs noirs et blancs, faits pour tromper la proie, soient dûs à l'évolution de l'espèce — ce sont, de toute façon, des oiseaux très actifs et très intéressants à observer.

Une stratégie de survie

Les Bergeronnettes sont de grands insectivores et l'on peut se demander de quoi elles se nourrissent en hiver. En fait, la Bergeronnette grise quitte le nord de l'Écosse, la Scandinavie, la Russie et la plupart des pays d'Europe orientale pour aller au sud. Elle pille en outre activement les refuges des insectes et peut survivre tant qu'elle trouve suffisamment d'insectes ou de larves. Plus il fait froid, plus on voit de bandes nombreuses de Bergeronnettes près des rares endroits riches en nourriture — réservoirs dans les vallées, étangs, berges de rivière, cours d'eau, fermes et, en particulier, champs d'épandage. La Bergeronnette grise vit la plupart du temps, et depuis des siècles, dans des habitats créés par les hommes, et les agriculteurs en particulier.

Les habitats artificiels et leur nourriture

Les champs d'épandage, leurs mauvaises herbes et leur boue, attirent de nombreux oiseaux, comme les Étourneaux, les Troglodytes et les Bergeronnettes. Ceux-ci y trouvent des insectes et des invertébrés, même au plus fort de l'hiver.

Des bandes de petits oiseaux se rassemblent généralement sur les incinérateurs qui répandent des effluents liquides, ou autour. Les cuves sont recouvertes d'une couche de déchets où les invertébrés et les bactéries fourmillent. La Bergeronnette grise, en particulier,

Description

La Bergeronnette grise (*Motacilla alba*) est un petit oiseau noir et blanc, hochant constamment la queue.

Identification: En été, le mâle a le dos principalement noir, le ventre blanc, avec une sorte de bavette. En hiver, il est gris, comme la femelle. Les jeunes ont le dos gris brunâtre, le ventre sombre et la gorge noire, en croissant. Vol très ondulant. Longueur: 18 cm.

Voix: Double note caractéristique, en vol.

Nourriture: Mouches et autres insectes. Graines, également.

Distribution: Niche du nord du cercle arctique aux zones chaudes et tempérées de l'Islande, à l'extrême ouest, jusqu'à l'est de l'Asie, et au sud jusqu'à l'Afrique du Nord et la Thaïlande.

Population: Souvent près de l'eau, dans les parcs, les jardins, les fermes et les régions montagneuses. Souvent en solitaire ou en couple; se perche en bandes, en dehors de la saison des nids.

Déplacements: Les oiseaux des régions montagneuses et des latitudes nordiques nomadisent vers les plaines ou migrent vers le sud, en hiver. Les autres sont la plupart du temps sédentaires.

Reproduction: Niche dans le trous des murs et les bâtiments. Affectionne la proximité de l'homme. La femelle construit le nid avec des végétaux et le garnit de poils, de plumes ou de laine. Elle pond normalement 5 à 6 œufs grisâtres à blanc bleuté, tachetés de roux ou de brun, ou tout simplement gris, en avril ou mai. Elle les couve presque seule, 13 jours environ. Les petits sont nourris par leurs parents et quittent le nid 15 jours après l'éclosion, environ. Deux couvées, généralement, parfois trois.

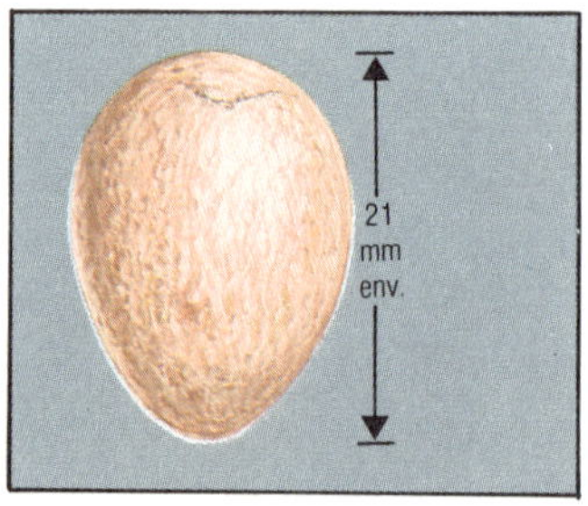

La Bergeronnette grise a un vol onduleux très caractéristique. Son curieux tic, qui consiste à hocher constamment la queue, lui vaut ce nom de "hochequeue".

À gauche: *Bergeronnette de Yarrell au bord d'un lac. La Bergeronnette de Yarrell est une sous-espèce continentale, à dos gris, de la Bergeronnette grise.*

Ci-dessous: *Nid de Bergeronnettes grises, dans une charpente.*

cherche sa nourriture sur les hélices des incinérateurs; repue, elle se pose parfois dessus, ou sur le bord de la cuve, ou bien s'envole vers les terrains herbeux avoisinants. Sur un seul champ d'épandage, on a une fois compté plus de 2 000 bergeronnettes grises.

Les Étourneaux et les Moineaux domestiques ont une nourriture plus diversifiée et sont plus favorisés lorsque les hivers sont rigoureux: ils mangent en effet la nourriture des hommes, alors que les Bergeronnettes ne peuvent compter, dans leurs habitats artificiels, que sur les insectes, là où ils ont tendance à se concentrer. On estime que les deux tiers des Bergeronnettes ont péri l'hiver 1962/63 et un quart en 1981/82, en Grande-Bretagne du moins. Les hivers plus doux, on constate une nette reprise démographique.

La reproduction

La Bergeronnette grise défend âprement son territoire; son chant, habituellement faible et occasionnel, se fait plus vigoureux à la période des nids. Les prétendants se menacent en levant le bec pour montrer leur gorge noire; ils courent devant la femelle, dans une position de soumission, baissant la tête, les ailes et la queue, les plumes de celle-ci déployées et hérissées.

La Bergeronnette grise étant très dépendante de l'homme en hiver, on comprend pourquoi elle délimite si volontiers son territoire dans une zone d'habitat artificiel, dès le début du printemps.

La femelle construit un grand nid d'herbes, de mousse et de brindilles et y aménage une cavité garnie de plumes, de duvet et de poils. Il est généralement caché dans un creux et son emplacement est extraordinairement varié: nichoir, nid abandonné, tas de bois, corniche d'immeuble, mur, gouttière, nid d'Hirondelle de rivage, houx et plantes grimpantes, trou d'arbre et terrier.

La femelle pond normalement cinq ou six œufs à taches grises et les couve pratiquement seule pendant deux semaines. Les parents nourrissent les petits 14 à 16 jours. Il n'est pas rare que des coucous déposent leurs œufs dans un nid de Bergeronnette.

Les rassemblements de Bergeronnettes grises

Les Bergeronnettes grises se rassemblent lentement, dans des endroits parfois étranges, tels de grands arbres, dans le centre d'une ville, des marais, des roseaux, des bosquets, des champs d'épandage, des serres, des gares et des usines. Elles semblent attirées par la chaleur. On a observé un jour une concentration de plus de 4000 oiseaux. Une sorte de rassemblement préalable a généralement lieu: des oiseaux se perchent tout autour d'un groupe de congénères et attendent parfois près d'une heure avant de le rejoindre. Ils effectuent parfois des vols groupés (bien que jamais aussi spectaculaires que ceux des Étourneaux) et donnent parfois des "concerts" (jamais aussi assourdissants que ceux des Moineaux domestiques). Le rassemblement terminé, les Bergeronnettes grises sont silencieuses.

Ces rassemblements après la saison des nids et en hiver ne sont pas habituels, chez les oiseaux. Parmi les espèces concernées, de nombreux individus restent cependant à l'écart. Les ornithologues se sont souvent demandé pourquoi de tels rassemblements avaient lieu. Le plus vraisemblable est qu'ils permettent aux oiseaux d'échanger des informations sur les lieux où ils trouvent leur nourriture.

À gauche: *Bergeronnette grise, de près. On distingue nettement ses taches noires et blanches et sa longue queue caractéristique.*

Ci-dessus: Rassemblement d'oiseaux dans les arbres. On a un jour observé une concentration de plusieurs milliers d'individus.

PARTICULARITÉ

Lorsque l'on voit un couple de Bergeronnettes nourrissant un seul petit, de bonne taille, il est vraisemblable qu'il s'agit d'un coucou, littéralement abandonné par ses parents alors qu'il n'était encore qu'un œuf!

Bergeronnette des ruisseaux

La Bergeronnette des ruisseaux est un petit oiseau à la silhouette sautillante qu'il est fréquent de voir au milieu des cailloux et des rochers des rivières de montagne

Elle affectionne les cours d'eau agités et les rivières à courant rapide. La distribution de cette espèce est étroitement liée à son habitat: les régions montagneuses sont donc son domaine. Bien que les cours d'eau rapides ne gèlent pas et offrent toujours une nourriture suffisante, la Bergeronnette des ruisseaux subit généralement de lourdes pertes pendant les hivers rigoureux. Beaucoup d'individus migrent cependant vers les régions plus chaudes d'Europe, vers la France, l'Espagne et le Portugal, en particulier.

Elle arpente les berges des rivières, picorant de petits tourniquets et d'autres insectes rejetés par le courant. Elle se perche parfois sur un rocher, à découvert, et regarde voler les moucherons. Son dos gris sombre se confond parfaitement avec les rochers et sa queue toujours en mouvement avec la surface ondulante de l'eau. Cette sorte de camouflage explique pourquoi on n'aperçoit cet oiseau que lorsqu'il s'envole, montrant alors son ventre d'un jaune éclatant. On suppose qu'en vol, sa queue lui sert de gouvernail.

La parade nuptiale et la reproduction

Au printemps, la gorge du mâle prend une teinte noire. C'est alors la parade nuptiale: le mâle hérisse son plumage, déploie sa queue et, avec de rapides battements d'ailes, vole d'arbre en arbre pour faire sa cour. Après l'accouplement, la femelle construit son nid avec de la mousse, de l'herbe et des brindilles et le garnit de plumes et de poils de cheval. Il est généralement caché sur la berge d'une rivière, dans la végétation, dans les racines d'un arbre ou le creux d'un rocher.

On voit souvent la Bergeronnette des ruisseaux seule ou en couple, mais également en famille. Des bandes de Bergeronnettes des ruisseaux ont parfois été observées dans les roseaux, mais ce comportement n'est pas typique. Il est beaucoup plus fréquent de voir cet oiseau perché, seul, sur un arbre, au bord d'un ruisseau.

Ci-dessus: Bergeronnette des ruisseaux en vol. Au sol, il est pratiquement impossible d'observer cet oiseau, lorsqu'il sautille à la recherche de sa nourriture, son dos gris se confondant parfaitement avec l'environnement. On distingue ici son ventre jaune.

À droite: Bergeronnette des ruisseaux et ses petits, ouvrant leur bec coloré pour réclamer à manger. Ils sont nourris par leurs parents et quittent le nid à 12 jours.

Description

La Bergeronnette des ruisseaux (*Motacilla cinerea*) est un oiseau à longue queue, de silhouette élancée, que l'on voit souvent dans les torrents caillouteux de montagne.

Identification: Très longue queue s'agitant sans arrêt; dessus du corps gris-bleu, dessous jaune vif. Longueur: 18-20 cm.

Voix: Chant plus varié et plus mélodieux que celui de la Bergeronnette grise; cri plus retentissant.

Nourriture: Insectes, escargots et même petits poissons.

Distribution: Nidifie dans les Açores, au nord-ouest de l'Afrique, dans toute l'Europe et dans l'Est asiatique.

Population: Peu nombreuse en raison des récents hivers rigoureux.

Déplacements: Sédentaire ou migrateur. En hiver, nomadise en plaine ou migre vers le sud du Sahara, l'Inde ou le Sud- Est asiatique.

Reproduction: Niche dans les creux des falaises, dans les murs ou sur des corniches rocheuses et des berges abruptes, parfois dans les racines d'un arbre, à proximité de l'eau, en général. Utilise parfois d'anciens nids de merle ou de cincle plongeur; sinon, la femelle construit un nid avec de la mousse, des brindilles et de l'herbe; entre avril et mai, elle pond 4 à 6 œufs chamois ou grisâtres et les couve 13 à 14 jours. Les petits, nourris par le couple, quittent le nid à 12 jours.

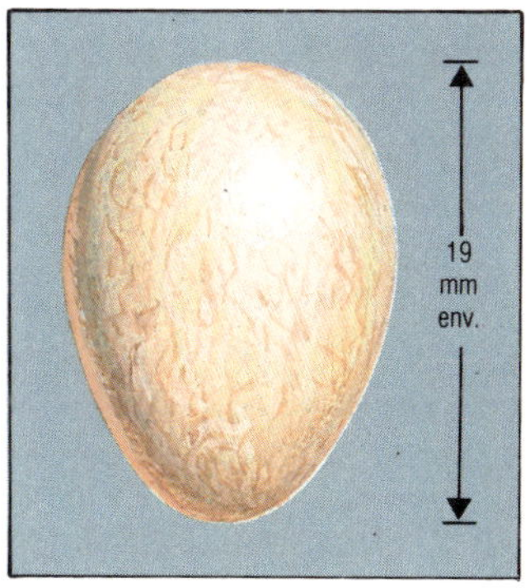

Poule d'eau

On rencontre la Poule d'eau presque partout où il y a de l'eau douce. C'est un bel oiseau qui semble peu effrayé par l'homme et défend son territoire de façon spectaculaire

Dans de nombreux pays des cinq continents, on peut voir le spectacle magnifique de cet oiseau nageant sur l'eau. La Poule d'eau est, dans certaines régions, la plus commune des espèces habitant les lacs et les rivières.

Un oiseau qui ne craint pas l'homme

La Poule d'eau a la particularité de s'accommoder de la présence de l'homme, ce qui explique son succès. Elle ne craint pas de nicher près des mares, dans les villages, près des lacs et des canaux très fréquentés, que d'autres oiseaux plus timides évitent. Elle nichera volontiers sur la rive de n'importe quel lac ou rivière non pollués, près d'un bassin, dans une ville, ou près d'une mare, dans une forêt, à la condition d'y trouver un endroit bien caché et une végétation suffisante.
Ce type d'habitat présente cependant des dangers. En effet, il est maintenant habituel de draguer les rivières et de faucarder leurs lits et leurs berges, afin de régulariser leur cours. Ces pratiques risquant de détruire des emplacements potentiels pour les nids, il arrive parfois que l'on ne touche pas à un côté de la rivière.

La migration

La Poule d'eau se nourrit d'insectes et de plantes qu'elle trouve au bord de l'eau ou sur les berges des rivières et des lacs. Le gel la prive parfois de nourriture. C'est ainsi qu'au cours de l'hiver rigoureux 1962/63, un grand nombre d'oiseaux de cette espèce sont morts de faim, en Europe. Dans certaines régions, il fallut plusieurs années pour que la population soit totalement reconstituée.
Les populations des régions froides du nord de la Scandinavie et de la Russie migrent en automne vers le sud et hivernent en Europe et en Afrique du Nord. Elles reviennent en février, lorsque leurs groupes se séparent.

La parade nuptiale et la défense du territoire

Au début du printemps, la Poule d'eau déploie une activité fiévreuse et doit se battre pour s'approprier un territoire. Un bon territoire doit offrir un emplacement sûr pour le nid et une nourriture suffisante; c'est pourquoi la lutte est parfois intense.

Description

La Poule d'eau (*Gallinula chloropus*) est une espèce commune sur toutes les étendues d'eau douce.
Identification: Oiseau marron-noir, à bec court et rouge, jaune à l'extrémité; plaque frontale rouge. Longueur: 32-35 cm.
Voix: Cris puissants.
Nourriture: Plantes aquatiques, mollusques...
Distribution: Espèce répandue en Europe, présente sur presque toute la surface du globe.
Population: Abondante dans presque tous les pays d'Europe.
Déplacements: Sédentaire dans le sud et l'est de l'Europe.
Reproduction: La femelle pond 2 à 13 œufs chamois tachetés marron à noir, entre mars et août. Deux couvées.

Comportement territorial
À gauche et ci-dessous: *Pour éloigner un rival, la Poule d'eau allonge le cou et bat des ailes. Les deux oiseaux partent ensuite dans des directions opposées, le corps à l'horizontal, tout près du sol.*

À gauche: *Le nid de la Poule d'eau, fait de brindilles et de tiges épaisses, est généralement bien caché.*
Ci-dessous: *Petit de deux semaines: il possède encore l'excroissance à l'extrémité du bec et ces sortes de griffe sur l'aile, qui lui ont servi à casser sa coquille.*

Pour régler les conflits, le mâle menace et se bat. Comme la Foulque noire, il menace son rival en allongeant la tête et le cou à la surface de l'eau, montrant ainsi son bec noir et rouge vif, et son front. La femelle s'efforce, de son côté, de cacher au mâle ses couleurs. Elle exprime son consentement en s'inclinant profondément et en cachant son bec sous elle, dans ses plumes.

La vie familiale
La Poule d'eau élève souvent deux ou trois couvées, entre mars et août. Les tout premiers jours seulement, les parents nourrissent et réchauffent leurs petits. La coloration rouge de leur bec agit comme un signal: ainsi, pour réclamer leur nourriture à leurs parents, les petits agitent leur tête et piaulent très fort.
Lorsque les petits de la première couvée ont environ un mois, ils sont généralement assez habiles pour aider leurs parents à nourrir la seconde couvée. Cette coopération est peu courante; la plupart des espèces élevant une seconde couvée chassent généralement la première loin du nid.

PARTICULARITÉ

On a souvent l'impression de voir des Poules d'eau marcher le long de rivages plantés de roseaux. Il n'en est rien. Leurs quatre longs doigts et la forme de leurs pattes leur permettent de répartir leur poids sur une surface importante et, donc, de se tenir sur des plantes aquatiques sans couler.

En hiver, les Foulques noires forment des bandes, auxquelles s'associent parfois d'autres oiseaux — des canards, en particulier, tels ces Canards colverts. Elles se nourrissent volontiers de pain et de déchets offerts par l'homme.

Foulque noire

A la saison des nids, le mâle défend avec vigueur son territoire contre les intrus. En hiver, les Foulques noires se rassemblent en groupes importants pour se protéger

Si l'on observe un réservoir artificiel par un jour d'hiver bruineux, on peut parfois voir un groupe d'oiseaux noirs, sur la rive opposée. S'ils tournent la tête, on distinguera nettement leur bec et leur "plaque frontale" (plaque de peau nue) blancs, même si la visibilité est mauvaise. Ce contraste entre le plumage sombre et ces parties blanches permet d'identifier immédiatement une Foulque noire.

En hiver, dans les pays tempérés, la Foulque noire vit en groupe sur les lacs et les rivières qui ne gèlent pas. On les voit nager à l'unisson d'un endroit à un autre à la recherche de leur nourriture, mais cette harmonie apparente est trompeuse. Chaque foulque noire a son "espace vital", à l'intérieur du groupe, et le défend jalousement. Si l'un de ses congénères s'approche trop, elle utilisera la menace pour l'éloigner. Le plus souvent, elle se penchera sur l'eau en allongeant le cou pour montrer à son rival sa plaque frontale et son bec blancs.

Les bandes hivernales se séparent fin février, lorsque les oiseaux sédentaires partent faire leur nid et que les oiseaux migrateurs reviennent vers leurs aires de nidification, en Scandinavie et en Russie. Jusqu'à la fin de la saison des nids, le comportement de cet oiseau est essentiellement agressif, car il défend son territoire.

La parade d'intimidation

Pendant la reproduction, le mâle défend vigoureusement son territoire et écarte les intrus par des menaces: il montre son bec et sa plaque frontale, en dressant les plumes de son cou et de son dos. Ces menaces lui évitent de passer à l'action et économisent temps et énergie.

Au plus fort de la saison des nids, ces menaces suffisent généralement à écarter les intrus. Au début du printemps, au moment de l'appropriation des territoires, de longues querelles se terminent parfois par des luttes rapides et furieuses. Les oiseaux se battent, cherchant à déséquilibrer l'adversaire: le plus faible tombe dans l'eau ou s'enfuit, et perd ainsi sa chance de trouver une compagne, cette année-là.

Les nids sont généralement cachés dans la végétation, au bord de l'eau; mais la Foulque noire utilise volontiers des sortes de radeaux faits par les hommes, ce qui n'est pas pour plaire aux gardiens des réserves naturelles créées dans les gravières, qui fabriquent ce genre de ponts flottants pour encourager la reproduction des sternes, des mouettes et des oiseaux aquatiques.

Ci-dessus: La parade nuptiale des Foulques noires se compose de "courbettes et de becquotements". La femelle baisse la tête et plonge le bec sous l'eau pour cacher sa plaque frontale et inviter le mâle à lui lisser les plumes de la tête.

Description

La Foulque noire (*Fulica atra*) est un oiseau aquatique gris-noir, de taille moyenne, que l'on voit souvent au bord des lacs et des rivières qui ne gèlent pas, au moment de la reproduction.
Identification: Plumage noir contrastant violemment avec le bec et la plaque frontale blancs. Le jeune est brun, avec des taches blanches sur la tête, le cou et la poitrine; plaque frontale réduite. Longueur: 36-38 cm.
Voix: Appels clairs.
Nourriture: Plantes aquatiques, à la surface ou au fond de l'eau; mollusques, insectes, vers et poissons, également. Se nourrit parfois dans les champs avoisinants.
Distribution: Nidifie dans toute l'Europe et en Asie.
Population: Nombreuse sur les rivières, les canaux, les lacs, les réservoirs et les étangs. En accroissement.
Déplacements: Les oiseaux d'Europe occidentale sont sédentaires, pour la plupart; ceux d'Europe du Nord et de l'Est traversent la mer du Nord et la Baltique pour hiverner.
Reproduction: Nids de tiges et de feuilles mortes ou non, cachés sur les berges touffues de lacs ou de rivières peu profonds. La femelle pond 6 à 12 œufs ovales, jaune chamois et tachetés, de la mi-mars à la mi-juillet, et les couve 21 à 24 jours. Les petits sont capables de suivre leurs parents quelques jours après l'éclosion; le jeune est adulte à 55-60 jours. Une seule couvée par an, généralement.

À gauche: Les Foulques noires forment leur couple à la fin de l'hiver ou au début du printemps et restent ensemble toute une saison.

Ci-dessus: La Foulque noire plonge parfois au fond de l'eau pour y chercher sa nourriture, mais n'y reste pas longtemps.

Foulque à crête

Le drainage des marais pour la mise en culture apparaît désastreux pour la timide Foulque à crête

Depuis le début du siècle dernier, la population de Foulques à crête a sérieusement diminué. Cette espèce, auparavant assez commune au sud de l'Espagne, est maintenant l'une des plus rares d'Europe. Il n'en reste aujourd'hui que quelques représentants dans les étangs et marais bordant le Guadalquivir.
Leur déclin rapide est essentiellement dû à la destruction de leur habitat naturel. La Foulque à crête niche dans les lits de roseaux et passe le plus clair de son temps sur l'eau: c'est pourquoi l'assèchement de vastes régions marécageuses d'Europe méridionale a entraîné la disparition presque totale de leurs habitats.
L'avenir de cette espèce reste incertain car les organismes de conservation de la nature se heurtent à des problèmes complexes. Ainsi, les régions marécageuses du Guadalquivir font maintenant partie de la réserve naturelle Coto Donãna, mais les programmes d'assèchement des régions voisines risquent de drainer les différents cours d'eau alimentant celle-ci, mettant à nouveau l'habitat de la Foulque à crête en danger. Toute déperdition d'eau est susceptible de modifier le schéma des inondations saisonnières — et, par conséquent, de peser lourd sur l'avenir de cette espèce.
On ne peut encore juger de l'efficacité de ces mesures de protection, car il est en fait difficile d'identifier la Foulque à crête. Elle doit son nom aux deux excroissances rouges situées au sommet de sa plaque frontale. Mais celles-ci ne se voient pas de loin et l'on confond souvent cet oiseau avec la Foulque noire. C'est pourquoi il est long et difficile de l'identifier au milieu des roseaux, et donc de recenser la population vivant au sud de l'Espagne. Il est possible que les jours de la Foulque à crête soient comptés, en Europe.

Ci-dessus: Foulque à crête et ses deux petits: spectacle rare en Europe, car cet oiseau vit en Afrique et n'existe qu'en très petit nombre en Europe méridionale. Son habitat lacustre est menacé par l'assèchement et la mise en culture des marécages.

Description
La Foulque à crête (*Fulica crestata*) est un oiseau aquatique noir.
Identification: Espèce proche de la Foulque noire, sans bande blanche sur la face intérieure des ailes: excroissances rouges au sommet de la plaque frontale. Longueur: 38-42 cm.
Voix: Cris sonores et divers.
Nourriture: Herbes et plantes aquatiques, excréments.
Distribution: Limitée aux marécages du Guadalquivir, au sud de l'Espagne, pour l'Europe. Maroc, Afrique orientale et méridionale.
Population: Proche de l'extinction en Europe; 10 couples en Espagne.
Déplacements: Sédentaire.
Reproduction: Volumineux nid de feuilles et de tiges de plantes aquatiques, construit par les deux parents. 5 à 7 œufs en mai, couvés par le couple 18 à 20 jours. Petits recouverts d'un duvet gris, avec de longs poils jaunes sur le cou; ils ne restent au nid que 24 heures et sont élevés par le couple. Une seule couvée.

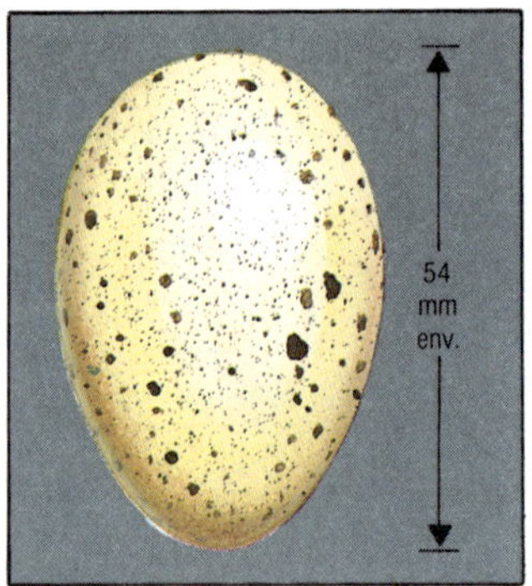

Grue cendrée

Colonie de Grues cendrées. Le plumage gris de ces oiseaux s'harmonise ici parfaitement avec le paysage. Certains individus de cette espèce quittent l'Europe orientale et septentrionale où ils nidifient pour hiverner plus au sud, dans des régions plus chaudes.

La migration des Grues cendrées, leur vol en formation, haut dans le ciel, et leurs cris stridents font depuis longtemps partie du patrimoine de nombreux pays européens

La Grue cendrée est, à maints égards, un oiseau impressionnant. Comme le Héron cendré, avec lequel on le confond souvent, c'est un très grand oiseau élégant au cou, aux ailes et au bec longs. La ressemblance s'arrête là: leur comportement et leur mode de vie sont totalement différents. Bien que très sociable, la Grue cendrée se laisse peu approcher par l'homme. Son vol est puissant et rapide et son cri tonitruant très caractéristique.

Un oiseau solitaire

Les couples de Grues cendrées nichent à l'écart de tout: dans les régions arctiques, ils choisissent le plus souvent des marécages de montagne désolés et parfois sans arbre, ou de pauvres forêts de bouleaux ou leurs abords. Plus au sud, ils affectionnent les clairières marécageuses de grandes forêts de sapins. Leur nid est très souvent entouré d'eau et pratiquement inaccessible à l'homme.
Au cours de la parade nuptiale, dans leur territoire, les partenaires se pavanent ensemble, allongeant et pointant le bec et la tête vers le ciel et dressant les plumes ornementales de leurs ailes.
Le couple construit ensemble son nid — un amas de végétaux, d'un mètre de diamètre, avec une petite cavité — qu'il réutilise tous les ans. La femelle pond normalement deux œufs, à un jour d'intervalle, qu'elle couve alternativement avec le mâle. Les œufs éclosent à un jour d'intervalle également: le mâle s'occupe du premier-né, tandis que la femelle continue de couver. Les petits savent nager et courir dès la naissance, mais ne volent pas avant l'âge de deux mois. Lorsqu'ils quittent le nid, les parents en prennent chacun un à sa charge. La famille migre ensemble et reste souvent ensemble pendant le premier hiver.

Un maître à danser

On croit savoir que les Grues cendrées forment des couples durables, dont le lien semble renforcé par leur remarquable "danse"; c'est une forme de parade que l'on observe lorsque les Grues cendrées se rassemblent — dans leurs quartiers d'hiver ou bien en automne ou au printemps, au moment de la migration. Même les jeunes et les adultes sans partenaire dansent ensemble, peut-être dans le but de tester un lien menant à une union possible.
Cette danse peut être extrêmement "contagieuse" et un seul oiseau peut entraîner la colonie entière à danser. Elle peut même être provoquée par un groupe d'hommes imitant simplement leurs mouvements. La danse est rituelle: les oiseaux dressent le cou, courent en cercle, en huit, droit devant eux ou en zigzag, en battant des ailes; ils s'arrêtent brusquement, font des courbettes, dodelinent de la tête et pirouettent; ils sautent en l'air en battant des ailes et en jetant leur tête et leurs pattes en avant, lancent et parfois attrapent des brindilles, des feuilles ou tiges de pomme de terre desséchées. Ils s'immobilisent en dressant leur corps ou leur cou, émettent des sons tonitruants et secouent leur plumage.

Les grande migrations

Les grues en migration s'arrêtent quelques jours pour se reposer et se nourrir. Le lac Hornboga, en Suède, est le lieu de rassemblement le plus connu et le plus accessible d'Europe. A la mi-avril, on peut voir 2 500 grues cendrées rassemblées. Au total, 5 500 individus s'y arrêtent pendant cette période.
Vers la fin du mois d'avril, les dernières Grues rejoignent leurs aires de nidification, au centre et au nord de la Scandinavie.

Les Grues cendrées en migration sont reconnaissables à leur vol en formation, en V ou en W, et à leurs cris stridents.

Les Grues de Scandinavie ont leurs quartiers d'hiver au sud-ouest et au sud-est. En septembre, une partie de la population scandinave traverse, par familles entières, la Baltique et s'arrête en différents endroits d'Allemagne septentrionale. En octobre, ce sont 15 000 grues cendrées, venant de Scandinavie et d'Allemagne de l'Est, qui migrent en colonies de plusieurs centaines d'oiseaux, parfois. Elles traversent la Belgique, la Hollande, la France et l'Espagne pour rejoindre leur quartiers d'hiver en Espagne méridionale et au Portugal. Il arrive, bien que cela soit rare, qu'une ou plusieurs colonies se perdent, par temps très couvert ou brumeux. Elles traversent alors la Manche, au grand plaisir des habitants du sud-est de la Grande-Bretagne qui tentent désespérément de les apercevoir avant qu'elles ne retrouvent leur chemin et repartent vers la France.

Description

La Grue cendrée (*Grus grus*) est un grand oiseau à longues pattes et à long cou. Elle cherche sa nourriture dans le sol.
Identification: Plumage gris à rayures blanches sur le cou; calotte noire et rouge. De longues plumes retombantes recouvrent sa queue et lui donnent une silhouette lourde. Longueur: 114 cm.
Voix: Claironnement sonore, parfois strident ou en cascade.
Nourriture: Grande variété de plantes et de petits animaux, que l'oiseau picore ou attrape en fouillant dans le sol.
Distribution: Nidifie dans tout le nord de l'Europe et en Europe centrale.
Population: En voie de disparition dans le sud et l'ouest.
Déplacements: Migre en Méditerranée, dans l'Est africain, en Inde et en Chine.
Reproduction: Niche sur un amas de végétaux. En général 2 œufs, parfois 1 ou 3, bleuâtres tachetés chamois, que les deux parents couvent 28 à 30 jours. Une seule nichée.

Demoiselle de Numidie

La Demoiselle de Numidie, qui tolérait autrefois relativement bien le voisinage de l'homme, se trouve aujourd'hui menacée par sa trop grande présence

Cette grue, la plus petite et la plus délicate de ce groupe, était autrefois beaucoup plus répandue qu'aujourd'hui en Europe orientale. Son déclin a été constaté dans ses aires de nidification, mais également dans ses quartiers d'hiver, en Afrique et en Asie.

Un oiseau timide

La plupart des oiseaux ne tolèrent l'homme qu'à une certaine distance, celle-ci variant avec leur propre taille. Le plus petits permettent à l'homme de les approcher de très près, alors que les plus gros, comme les grues, ne les laissent pas approcher à moins de 100 m. C'est pourquoi la vie de certains oiseaux devient difficile, dans les régions de plus en plus peuplées.

Contrairement à la plupart des grues qui recherchent les régions marécageuses, inaccessibles et plutôt tranquilles, la Demoiselle de Numidie vit habituellement à découvert, dans des broussailles sèches ou de hautes steppes. Son habitat peut donc facilement être observé; il est, en outre, de plus en plus utilisé par l'homme, pour l'élevage en particulier. Son nid n'est la plupart du temps qu'un creux dans le sol. C'est pourquoi la Demoiselle de Numidie est sans doute plus souvent dérangée que certaines autres grues, ceci expliquant en grande partie le lent déclin de cette espèce.

***À droite:** La petite Demoiselle de Numidie est un oiseau très caractéristique, avec ses longues touffes blanches pendant à ses oreilles et ses longues plumes noires sur la nuque.*

En bas à gauche: Les Grues cendrées sont réputées pour leur "danse" très élaborée. On suppose que cette danse, exécutée au moment où les oiseaux forment leurs colonies, sert à resserrer les liens entre les partenaires. Les oiseaux de tous âges se joignent cependant à la danse, qui semble très communicative — à tel point qu'un seul oiseau peut entraîner la colonie entière dans la danse. C'est une parade très animée, composée de courses, de sauts, de dodelinements de la tête, de pirouettes et de battements d'ailes. Les oiseaux lancent parfois des branchages en l'air et les rattrapent. A la fin de la parade, ils secouent leur plumage et s'immobilisent.

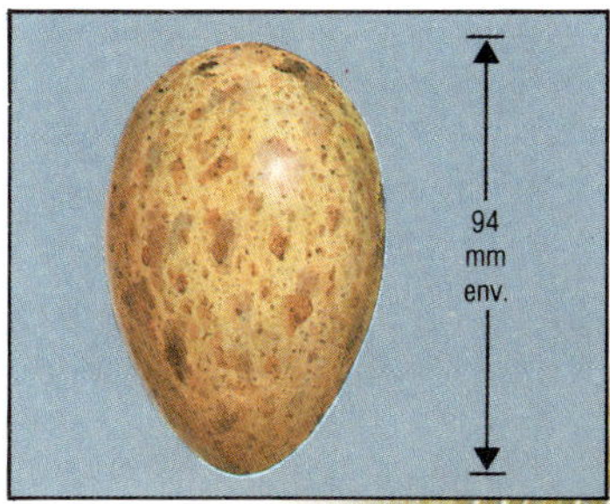

Description

La Demoiselle de Numidie (*Anthropoides virgo*) est la plus petite des grues. On la voit en couple, en famille ou en colonie. Pendant la saison des nids, elle affectionne les grandes régions herbeuses et les terres cultivées, à proximité de l'eau. En hiver, elle fréquente les berges sablonneuses des lacs et des rivières ou de petites iles.

Identification: Plumage grisâtre, avec touffes blanches caractéristiques tombant sur les oreilles. Longues plumes noires sur la poitrine, la nuque et la queue. Vole pattes et cou tendus, avec des battements d'ailes lents et réguliers. Les petits sont tout gris. Longueur: 96 cm.

Voix: Cris haut perchés ressemblant à des claironnements. Les couples crient en cœur.

Nourriture: Très grande variété de plantes, toute l'année; à la fin de l'eté et en automne, céréales. Petits insectes également.

Distribution: Nidifie dans toute l'Eurasie et à l'est de la Turquie. Une seule population en Chine.

Population: Réduction de sa distribution presque partout: quelques couples en Europe, seulement.

Déplacements: Migrateur. Hiverne en Afrique centrale, au sud du Sahara, au Pakistan, en Inde et en Malaisie.

Reproduction: Niche de façon disséminée dans de petites dépressions, dans les grandes steppes herbeuses, généralement près de l'eau. Vers la mi-avril, la femelle pond 2 œufs chamois, gris ou olive, avec des taches plus sombres, et les couve presque seule 28 à 30 jours. Les jeunes restent tout l'hiver avec leurs parents. Une seule couvée.

Héron cendré

Le héron cendré est un échassier aux longues pattes qui niche curieusement au sommet d'un arbre. Les héronnières, regroupant plusieurs nids, sont très caractéristiques de cette espèce

Certains pays recensent régulièrement la population des Hérons cendrés afin d'étudier ses fluctuations et d'en comprendre les raisons: de nombreux cadavres retrouvés près des lacs et des rivières où ils s'alimentent, et qui gèlent lorsque les hivers sont rigoureux, montrent que cette espèce est très sensible au froid. Il arrive qu'en un seul hiver la moitié de la population d'une région disparaisse. Toutefois, le Héron étant sédentaire, il peut reconstituer sa population en deux ou trois ans seulement.

Ces études ont également montré qu'il existe des "plafonds" naturels: en Grande-Bretagne, par exemple, on a constaté que la population se situait toujours entre 4 000 et 5 000 couples. On peut imputer ce fait à deux facteurs principaux: à la spectaculaire mutation des régions forestières, due à leur exploitation et à la terrible maladie des ormes qui réduisent les aires de nidification de l'espèce, en premier lieu, et aux programmes d'assèchement et à la pollution des eaux qui diminuent sa nourriture, en second lieu.

La plupart de Hérons cendrés nichent en colonie, dans des héronnières composées de quelques nids seulement jusqu'à plusieurs centaines. Ces héronnières sont généralement situées au sommet des arbres les plus élevés d'une région où la nourriture abonde. En l'absence de grands arbres, les Hérons construisent leur nid dans des massifs d'arbustes, comme l'aubépine et le sureau, ou même dans des roselières.

Lorsque l'hiver est doux, les premiers mâles arrivent en février, parfois même en janvier, se perchent au sommet des arbres et annoncent leur présence par des cris stridents. Les nids les plus anciens, réservés aux couples les plus vieux, occupent généralement les meilleures places, à la fourche d'un arbre, bien à l'abri du vent. Les nids atteignent parfois un mètre de diamètre, car le Héron a l'habitude d'y ajouter quelques branches tous les ans.

Les nouveaux couples doivent partir de rien et s'établissent dans des endroits moins favorables, à la périphérie de la colonie. Leurs nids sont très reconnaissables; certains ne sont que de simples plates-formes faites de quelques branchages et brindilles entremêlés. L'apport de branchages sert à consolider le nid, mais fait également partie de la cérémonie de la parade. Le mâle part à la recherche de brindilles et de branchages ayant souvent l'épaisseur d'un poignet et revient péniblement au nid pour les offrir à sa compagne.

La parade nuptiale

Pendant la parade, le couple émet des cris tonitruants et perçants ainsi que des roucoulements. Les oiseaux déploient leurs ailes immenses, dressent leur mince crête et hérissent les plumes striées de leur gorge. Comme des escrimeurs, ils croisent leur bec orangé, ordinairement jaune clair pendant la saison des nids.

À gauche: Jeunes Hérons cendrés toujours affamés. Heureusement, le couple se partage la tâche harassante de nourrir ses petits.
Ci-dessus: Si l'hiver est rigoureux, le Héron recherche les eaux saumâtres — ou bien se condamne à mourir de faim.
En haut à droite: Spectacle tragique de Hérons cendrés à la recherche de nourriture sur des eaux gelées. Les hivers rigoureux entraînent presque toujours des pertes considérables.
À droite: Héron cendré luttant avec sa proie. Tout d'abord immobile, il transperce vivement de son bec un poisson ou une grenouille peu méfiants.

La femelle pond des œufs bleutés, ridiculement petits pour un si grand oiseau, que le couple couve alternativement. Au moment où ils prennent leur tour, une petite cérémonie d'accueil, généralement bruyante et faite de nombreuses courbettes, a lieu. L'espèce nidifiant assez tôt, il n'est pas rare que le couple ait à supporter les giboulées de mars ou même de la neige, parfois; on voit alors l'oiseau qui couve tassé au fond du nid, un manteau de neige le recouvrant.
La présence de jeunes dans une héronnière est révélée par leurs monotones cris de faim "tac tac tac", qu'ils lancent quelques heures seulement après l'éclosion des œufs. Ils semblent toujours affamés, et comme ils sont souvent quatre ou cinq, leurs parents passent pratiquement tout leur temps à les nourrir. Ceci est particulièrement vrai pour les grandes colonies, car les adultes doivent parfois parcourir de longues distances pour trouver un point d'eau non gelé.
Le Héron retournant vers le nid manifeste souvent une certaine exubérance et, tout en approchant, exécute des cabrioles dans l'air, effleurant la cime des arbres dans un battement d'ailes. Il régurgite ensuite les anguilles, le poisson ou les grenouilles qu'il a pêchés et qui ne sont souvent pas tout à fait morts, et les dépose dans le bec de ses petits ou au fond du nid. L'instinct des parents est tel que si un jeune s'éloigne du nid et est incapable de le retrouver, ceux-ci ne feront rien pour aller le nourrir, où qu'il soit.
Le Héron cendré, si bruyant au nid, guette toutefois sa proie en silence: il longe posément, presque sans bruit, la rive d'un lac, s'immobilisant souvent pour attendre un poisson imprudent. Il fréquente les cours d'eau, les fossés marécageux, les lacs, les marais et les réservoirs. En hiver, lorsque les eaux douces sont gelées, on le voit parfois sur les côtes abritées.
Il est parfois considéré comme un véritable fléau car il attaque les élevages de truites; il suffit de tendre un fil de fer entre des poteaux ou d'attacher un simple fil entre deux flotteurs pour résoudre le problème. Son régime habituel se compose d'anguilles, de poissons et de grenouilles, mais aussi de rats d'eau, de serpents, de poules d'eau et même de canetons passant à la portée de son terrible bec.

PARTICULARITÉ

Les énormes nids constituant les héronnières abritent également un grand nombre d'espèces, tels les Choucas, les Étourneaux ou les Moineaux friquets, qui nichent "au sous-sol". Ceci est un exemple typique de cohabitation pacifique entre plusieurs espèces d'oiseaux.

La défense du territoire: la manifestation de menace du Héron cendré mâle consiste à pencher la tête en avant en courbant le cou, puis à la rejeter vers l'arrière, à l'horizontale, la crête et les plumes du cou dressées. L'intrus s'enfuit généralement à ce moment, une poursuite s'engageant alors.

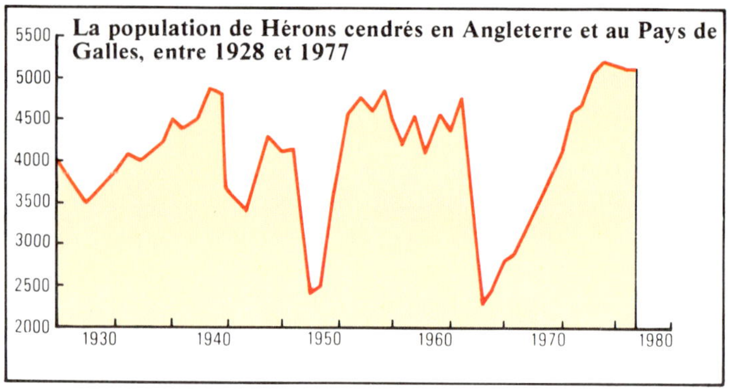

Les chutes importantes de la population que l'on lit sur le graphique correspondent, sans équivoque possible, à des hivers rigoureux.

Ci-dessus: *La parade nuptiale du Héron cendré: le mâle étire son corps en pointant le bec vers le ciel, puis plie légèrement les pattes en inclinant la tête vers l'arrière en poussant un cri caractéristique. Le corps à l'horizontale, les pattes pliées, le cou tendu et le bec pointé vers le sol, l'oiseau claque ensuite du bec, de façon très bruyante.*

Description

Le Héron cendré (*Ardea cinerea*) est un très gros oiseau gris et blanc que l'on aperçoit souvent immobile au bord de l'eau.
Identification: Grand échassier au long cou et aux longues pattes. Bec jaune, en forme de poignard. Tête et cou blancs, crête et cou rayés de noir. Corps en grande partie gris, plumes des ailes noirâtres, taches noires sur les os carpiens. Les petits sont plus bruns, avec des cous noirâtres. Vole le cou rejeté en arrière, pattes traînantes. En vol, les ailes paraissent retombantes. Longueur: 90-100 cm.
Voix: Bruyante et cassante, comme une toux; claquements de bec et variétés de notes à la saison des nids.
Nourriture: Principalement des poissons, des amphibiens et des reptiles; parfois des crustacés, des insectes et des oiseaux.
Distribution: Du cercle arctique, en Norvège, jusqu'à l'équateur, en Malaisie et à Java, et de l'Irlande, à l'extrême ouest, jusqu'au Japon, à l'est.
Population: Apparemment stable à l'ouest de sa distribution, elle fluctue cependant énormément en raison de pertes considérables, les hivers rigoureux. Certaines populations ont été décimées par des persécutions et probablement par la pollution. Estimée à 30 000-40 000 couples, en Europe.
Déplacements: Espèce sédentaire ou erratique; certains oiseaux d'Europe hivernent en Afrique occidentale.
Reproduction: Niche en colonies, dans de grands arbres ou des buissons bas, mais également dans des bâtiments, sur des falaises et à même le sol, au bord de l'eau. 1 à 5 œufs bleu pâle, de février à avril, couvés par le couple 25 jours.

Flamant rose

Le Flamant rose est un oiseau très exotique que l'on peut curieusement voir en Europe occidentale, en Camargue

Le spectable d'une colonie de plusieurs centaines ou milliers de Flamants roses est vraiment inoubliable, alors que la présence d'un individu seul ne provoque pas la même émotion. C'est en effet un étrange oiseau, gauche et efflanqué, de 145 cm, à la tête glabre et au bec curieux; son plumage est rose, marbré de cramoisi et de noir et son cou et ses pattes sont incroyablement longs.

Une curieuse façon de manger

Pour se reposer comme pour se nourrir, les Flamants roses se groupent en colonies dans des lagunes salées ou des lacs et des deltas boueux, où l'eau ne dépasse pas un mètre. Ils mangent la nuit comme le jour, mais le plus souvent au lever ou au coucher du soleil. Le repas est un processus complexe: l'oiseau patauge dans l'eau ou la boue, la tête à moitié ou totalement immergée, et regarde derrière lui, entre ses pattes, la tête renversée. Il agite en même temps son bec peu profond et aspire de l'eau à l'aide de sa langue couverte de piquants. Les filtres qu'il a dans la bouche laissent passer des crevettes et des algues minuscules, alors que l'eau est rejetée par la langue. Son régime alimentaire se compose essentiellement de petites crevettes et d'autres crustacés, mais aussi d'insectes et de fragments de plantes.

Ci-dessus: Groupe de Flamants roses: les colonies de Flamants sont divisées en petits groupes. A l'intérieur de ceux-ci, les oiseaux s'accouplent, construisent leur nid et élèvent ensemble leur petits.

Ci-dessous: Envol caractéristique d'une importante colonie de Flamants roses. Le dessous des ailes est noir et cramoisi. Au sol, les oiseaux paraissent rose pâle.

Parades de groupe et pontes irrégulières

Les Flamants roses vivent en colonies immenses, divisées en petits groupes. Leurs nombreuses parades, commencées par les mâles, attirent de nouveaux couples dans le groupe. Les nouveaux venus vivent généralement à l'unisson avec celui-ci, se nourrissant et se déplacant ensemble — ils vont même jusqu'à tourner la tête dans la même direction. Tous les membres d'un groupe sont prêts à bâtir leur nid, à s'accoupler et à pondre en même temps.

Les parades de groupe les plus spectaculaires ont lieu avant la saison des nids. On voit alors jusqu'à 40 mâles et femelles exécuter en cadence les mêmes mouvements. Les couples se forment parfois au cours de ces parades, mais également pendant les "repas" communs. Ces oiseaux sont généralement peu agressifs; il arrive cependant qu'ils se battent pour défendre leur territoire.

En dehors de ces rares agressions, les Flamants roses remplissent ensemble toutes leurs fonctions sociales. Leur reproduction est toutefois irrégulière et très imprévisible: la femelle ne pond que lorsque certaines conditions de climat et d'abondance de nourriture ou d'eau sont exactement réalisées. Il est ainsi courant qu'un couple ne couve pas tous les ans, mais les deux partenaires restent fidèles leur vie durant.

Le nid, construit par le couple, est un monticule de boue séchée par le soleil, de 30 à 40 cm de haut, au sommet duquel se trouve la chambre de ponte, non garnie. Les Flamants roses construisent leur nid côte à côte, à 35 cm de distance parfois, dans des endroits très à l'écart. On peut voir une vaste étendue de boue se transformer en un jour en une multitude de nids de Flamants roses.

L'éclosion elle-même peut durer jusqu'à deux jours; il arrive que les parents essaient d'accélérer le processus en donnant des coups de bec dans la coquille. De nombreux cris retentissent à cette époque car les petits reconnaissent leurs parents à leur voix — dans les colonies d'oiseaux aussi importantes que celles des Flamants roses, la reconnaissance de la voix est en effet essentielle. Les petits s'alimentent dès la première heure après leur éclosion et son nourris pas leur parents de crevettes et d'algues régurgitées. Ils ne quittent le nid ou ses abords qu'au bout de huit à dix jours.

Les nouveau-nés sont recouverts d'un duvet gris pâle et ressemblent à des oisons. Leurs pattes rouges, gonflées de sang, et leurs becs noirs et droits leur donnent un air tout différent de celui des adultes.

Ci-dessous: Colonie de Flamants roses, dans leur habitat naturel.
A droite: Groupe de jeunes défendant leur territoire. Cette attitude agressive est plus fréquente juste avant la saison des nids.

Des crèches pour les petits
Lorsque les petits ont environ huit jours, leurs parents les emmènent dans des sortes de crèches rassemblant plusieurs centaines de jeunes du même âge. Des "nourrices" — qui ont perdu leur propre progéniture — s'occupent alors d'eux, les parents les nourrissant la nuit. Ce n'est qu'au bout de 65 à 70 jours que leur bec est tout à fait formé et qu'ils sont capables de se nourrir seuls et d'assumer leur indépendance.
Malgré leur importance, les colonies de Flamants roses sont extrêmement mobiles. En cas d'attaque, les oiseaux se replient en rangs serrés et il est très difficile de capturer ne serait-ce qu'un seul oiseau. L'adulte a peu d'ennemis naturels et son espérance de vie est extrêmement longue; les jeunes sont plus vulnérables car il est plus facile de les attraper.

La présence et l'action de l'homme, même bien intentionnées, constituent une menace pour cette espèce. Il a fallu aménager des refuges dans les principales zones de nidification pour la protéger. L'inondation ou la disparition d'îlots sur lesquels les oiseaux bâtissent leur nid peut également être désastreuse. En Camargue, par exemple, le mistral empruntant la vallée du Rhône peut provoquer des vagues asez hautes pour inonder les nids des Flamants roses.
Les Flamants roses sont à la fois sédentaires et migrateurs. A l'ouest et à l'est de la Méditerranée, certains oiseaux hivernent sur place, d'autres en Afrique du Nord. Même les oiseaux sédentaires ne couvant pas sont amenés à nomadiser si les conditions climatiques et le niveau de l'eau sont défavorables.

Description

Le Flamant rose (*Phoenicopterus ruber*) est un grand oiseau mince à petite tête, au cou et aux pattes incroyablement longs. Il patauge en colonie dans les eaux salées et peu profondes.
Identification: Grand, rose et mince, avec un gros bec pâle busqué. Vol rapide, les pattes et le cou tendus, grâce à ses étroites ailes, noires et écarlates. Jeunes bruns à bec sombre. Longueur: 125 à 145 cm.
Voix: Cancanements d'oie et babillages.
Nourriture: L'oiseau aspire l'eau avec sa langue et filtre de petites crevettes et des algues, le bec dans l'eau.
Distribution: Dans les régions chaudes. En Europe, espèce confinée près des lagunes côtières et des estuaires du sud de la France et de l'Espagne.
Population: Incertaine. Atteint 15 000 individus en Europe et en Afrique du Nord.
Déplacements: Erratique, partiellement migrateur.
Reproduction: Niche en immenses colonies. Un œuf par couvée, seulement. Le petit quitte le nid au bout de 70 à 71 jours.

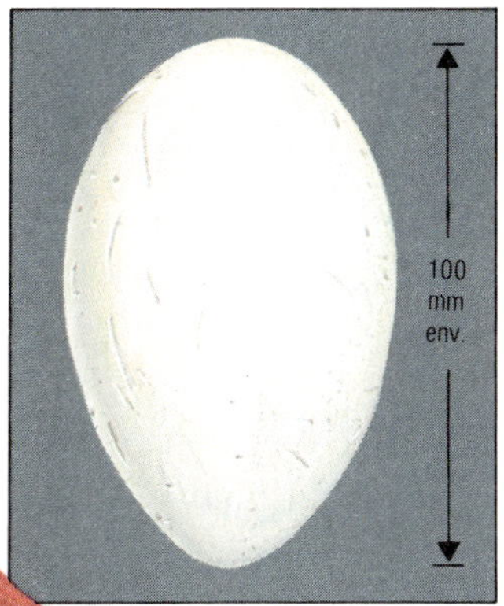

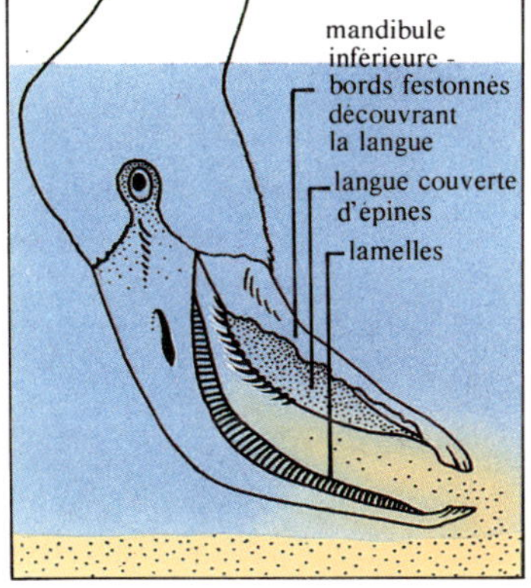

À gauche: Les Flamants roses se nourrissent en filtrant l'eau. Les mandibules, pourvues d'une rangée de lamelles, retiennent les particules ne dépassant pas une certaine taille. La langue fonctionne comme une pompe, forçant l'eau à traverser les lamelles et à en ressortir. La nourriture ainsi filtrée est ensuite rapidement avalée.

TROGLODYTES, ACCENTEURS ET ESPÈCES VOISINES

Cincle plongeur

Le Cincle plongeur présente la particularité de marcher au fond de l'eau et de se nourrir dans les lits de cours d'eau et de rivières de montagne

Le Cincle plongeur fréquente les rivières de montagne dont les eaux tourbillonnantes dévalent rapidement les pentes caillouteuses. C'est un oiseau trapu et vif, ressemblant à un troglodyte, mais de la taille d'une grosse grive. Il sautille constamment sur les cailloux bordant les rivières, la queue toujours en mouvement, et plonge fréquemment dans l'eau. Son plumage est noir et roux, sa tête brun foncé, sa gorge très blanche, bordée de brun; sa queue est courte, souvent un peu relevée, et son bec est court et pointu.
Cet oiseau, généralement sédentaire, vit souvent solitaire ou en couple; même en hiver, il occupe sur la rivière un territoire bien délimité, de deux kilomètres de long au plus sur quelques mètres de large seulement. Il se n'en éloigne qu'à regret et revient y trouver la sécurité, s'il est poursuivi.

En Grande-Bretagne et en Irlande, on a dénombré 30 000 couples environ, qui vivent à plus de 300 m d'altitude. Le Cincle plongeur d'Europe, qui n'a pas de bande brune sur le ventre, est très répandu dans les montagnes.

Un oiseau qui marche au fond de l'eau

Le Cincle plongeur est l'un des rares oiseaux capables de marcher au fond de l'eau et d'y trouver sa nourriture. Il plonge généralement d'une pierre ou entre progressivement dans l'eau en marchant, ou encore se pose sur l'eau, car il nage bien, et plonge. Sous l'eau, il se déplace à l'aide de ses ailes à moitié ouvertes et semble voler. Il doit constamment remuer les ailes pour compenser sa légèreté naturelle due à l'air emmagasiné sous son plumage exceptionnellement épais. Pour se maintenir sous l'eau, remonter à la surface ou descendre au fond de l'eau, il se sert de ses ailes pour utiliser la force du courant.
Si le courant est rapide, le Cincle plongeur s'accroche aux cailloux avec ses pieds et ses griffes. Lorsqu'il mange, il laisse flotter sa tête pour que l'eau glisse sur son dos et l'aide à rester immergé. Il se nourrit de crustacés, de vers, de mollusques et même de petits poissons.

1

2

3

Ci-dessus: 1. L'œil du Cincle plongeur est doté d'une troisième membrane (nictitante) qui facilite sa vision sous l'eau. 2. Ses ailes sont courtes et bruissent en vol; celui-ci est rapide, direct et économique. 3. La pression de l'eau donne à l'oiseau une silhouette fuselée, aérodynamique et légèrement argentée.

À gauche: Pour éviter le danger des crues et la perte de la couvée, les nids sont situés bien au-dessus du niveau de l'eau. Les parents passent beaucoup de temps à nourrir leurs petits, qui sont affamés et exigeants.

À droite: Cincle plongeur se nourrissant au fond de l'eau, dans un bief. On remarque la position des ailes, permettant à l'oiseau de se maintenir sous l'eau.

Le Cincle peut plonger jusqu'à 50 cm de profondeur. Il possède une troisième paupière transparente — la membrane nictitante — qui protège son œil et lui permet de voir sous l'eau lorsque celle-ci est suffisamment claire. Si la rivière déborde et si l'eau devient boueuse, la nourriture est alors plus difficile à trouver. La situation peut devenir sérieuse, si elle se prolonge, surtout en période de reproduction, lorsqu'il y a des bouches supplémentaires à nourrir. Son régime alimentaire se compose essentiellement de petits crustacés, d'insectes, de larves et d'œufs de poisson, c'est pourquoi l'abondance de nourriture détermine l'étendue de son territoire. Il doit parfois changer de secteur pour trouver une nourriture plus accessible. En cas de sécheresse prolongée, par exemple, les oiseaux se retrouvent nécessairement près des rares points d'eau. En hiver, dans les régions les plus au nord de sa distribution, il arrive quelquefois que les rivières gèlent et qu'ils doivent descendre dans les vallées.
Le couple commence à bâtir son nid dès la mi-février, bien que la femelle ne ponde pas avant le début d'avril. Le nid, en forme de dôme, est rempli de mousse et d'herbes séchées; il est volumineux et suffisamment solide pour accueillir deux couvées dans la même saison. Il est généralement situé sous un pont, sur la paroi d'un rocher ou en surplomb d'une rivière, et suffisamment haut par rapport au niveau de l'eau; les crues des rivières sont en effet l'une des principales causes de la détérioration des nids et de la perte des œufs.
La femelle pond quatre ou cinq œufs blancs et les couve pendant 16 jours. Les jeunes sont nourris par leurs parents 20 à 22 jours et sont totalement indépendants à six semaines. Ils quittent alors le nid pour établir leur propre territoire.

PARTICULARITÉ

Pour observer un cincle plongeur en action, il faut le surprendre dans son territoire, au moment où il cherche sa nourriture, là où le courant se brise sur les rochers d'une rivière de montagne.

Description

Le Cincle plongeur (*Cinclus cinclus*) est un petit oiseau que l'on voit le plus souvent près de l'eau, sautillant sur les pierres, nageant et plongeant. Il a la particularité de marcher au fond de l'eau.
Identification: Oiseau reconnaissable à son plumage marron foncé, à sa poitrine et à sa gorge blanches. Il a l'aspect d'un gros troglodyte et un mode de vie aquatique. Longueur: 18 cm.
Voix: Métallique; chant: cliquetis et gazouillis.
Nourriture: Larves de petits insectes aquatiques et crustacés, vers, mollusques, petits poissons et têtards qu'il pêche en plongeant ou en marchant au fond de l'eau, en se servant de ses ailes pour se maintenir sous l'eau.
Distribution: Largement répandu en Europe, en altitude.
Population: Assez nombreuse près des torrents, des rivières et des lacs de montagne peu profonds, mais données imprécises. Les hivers rudes et la pollution entraînent de sévères pertes.
Déplacements: En grande partie sédentaire, mais les oiseaux des régions de haute montagne descendent en plaine, lorsque l'hiver est rigoureux.
Reproduction: Nid de mousse et d'herbe sèche, en forme de dôme, garni de feuilles mortes et construit par les deux partenaires. Il est généralement situé dans le trou d'une falaise, d'un rocher ou de racines, sur le bord d'une rivière, ou dans le trou d'un mur ou sous un pont, largement au-dessus du niveau de l'eau. Entre le début avril et la mi-juin, la femelle pond 4 à 5 œufs ovales blancs et les couve seule 16 jours. Deux couvées.

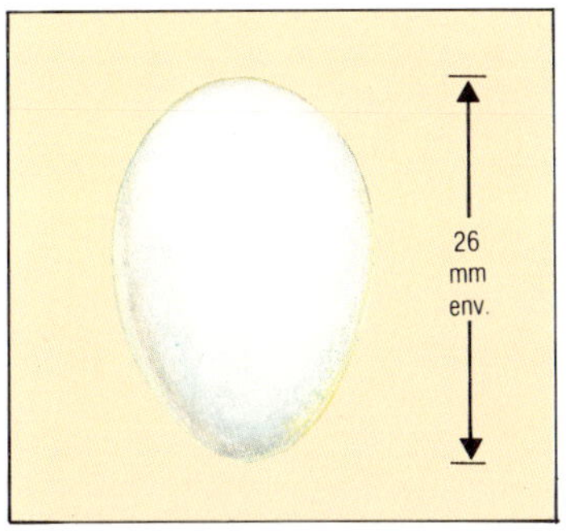

OISEAUX AQUATIQUES

Cygne domestique

Le Cygne domestique est l'un des oiseaux avec qui l'homme a tissé autrefois les liens les plus étroits — liens qui ne lui épargnent malheureusement pas aujourd'hui les dangers de la civilisation

Ci-dessus à gauche: Cygne étirant ses ailes: cette attitude ne devient menaçante que lorsque l'oiseau rejette la tête en arrière.

Ces liens ont été particulièrement étroits en Grande-Bretagne. A une époque, seuls quelques privilégiés possédaient des cygnes. Ils avaient l'obligation de les marquer au bec et un ensemble très complexe de textes législatifs règlementait leurs droits. Voler un cygne ou même un œuf de cygne était alors considéré comme un délit.
Aujourd'hui encore, le Cygne domestique a un statut particulier et le marquage de ces oiseaux sur la Tamise est toujours l'occasion de fêtes folkloriques.

La reproduction
Les couples de Cygnes domestiques sont souvent stables. la formation du couple est longue et, bien que capables de se reproduire, la plupart des oiseaux de cette espèce restent "fiancés" une saison au moins. Les parades pré-nuptiales et nuptiales ainsi que les accouplements sont souvent beaucoup plus fréquents qu'il n'est nécessaire pour fertiliser les œufs. Pour la parade pré-nuptiale, les Cygnes plongent la plupart du temps la tête dans l'eau.
Le Cygne domestique a un comportement très agressif en ce qui concerne la défense de son territoire. L'étendue de celui-ci est très variable, selon la qualité de l'habitat et ses possibilités de nourriture. En certains endroits, dans le Dorset, en Grande-Bretagne, en Pologne et au Danemark, les populations sont à demi domestiques et nidifient en colonie.
Le couple amasse des plantes aquatiques pour faire son nid et en garnit l'intérieur d'herbes tendres et de duvet. La femelle pond en général six œufs qu'elle couve presque seule, le mâle surveillant généralement les abords du nid, lorsque sa compagne n'est pas là.
Les parents s'occupent tous deux de leurs petits. Ils arrachent des plantes aquatiques et des branchages qu'ils disposent autour d'eux et qu'ils piétinent pour obtenir de petits fragments de nourriture.
Les jeunes restent souvent aux côtés de leurs parents, montant parfois sur le dos de la femelle, entre la queue et les ailes. Le jeune cygne isolé de sa famille montre d'évidents signes de détresse. S'il a froid ou faim, il se tient droit, le cou tendu en avant, le duvet de sa tête hérissé, le bec ouvert, et lance des appels de détresse. Il manifestera sa présence aussi bruyamment que possible jusqu'à ce que l'un de ses parents le trouve. Le jeune cygne n'est capable de voler qu'à quatre ou cinq mois et reste avec ses parents une année entière. Il est normalement gris; certains, appelés cygnes "polonais", ont un duvet très blanc et des pieds clairs. Les adultes qui ne se montrent jamais agressifs, sur leur territoire, envers les jeunes lorsqu'ils sont gris, le deviennent parfois lorsqu'ils sont blancs, car ils sont généralement plus grands.
Le Cygne domestique est longtemps resté à demi domestique; il est pratiquement impossible de savoir si ses aires de nidification actuelles sont naturelles ou non. Il est très nombreux dans les îles Britanniques, aux Pays-Bas, au Danemark, dans le sud de la Suède, en Allemagne et en Pologne. On le trouve également dans le nord de la France, en Belgique, en Suisse, en Autriche et en

À gauche: *Cygne mangeant dans la main d'un enfant: le Cygne domestique ne craint généralement pas la présence humaine.*

En bas, à gauche: *Dès l'automne, les cygnes se livrent à de nombreuses parades — ici un tête-à-tête — qui renforcent les liens du couple.*

Ci-dessus: *A la saison des nids, les Cygnes domestiques défendent âprement leur territoire; les oiseaux non nicheurs et les immatures se rassemblent quant à eux en colonie, là où la nourriture est abondante. Au milieu de l'été, lorsqu'ils perdent leurs plumes, ils se groupent parfois par centaines, sur l'eau.*

Turquie, et plus rarement dans les autres pays d'Europe. Il existe également quelques populations autour de la Caspienne et plus à l'est, jusqu'au lac Baïkal et en Mongolie.

Cette espèce, bien que largement représentée et apparemment en bonne santé, est en péril, en particulier en Grande-Bretagne. Le plus grand danger vient du plomb qu'utilisent les pêcheurs pour lester leurs lignes. Le Cygne absorbe du sable pour faciliter sa digestion et il est fréquent qu'il ingurgite des grains de plomb perdus ou jetés par des millions de pêcheurs. Des études ont montré qu'une concentration de dix parts pour mille de plomb dans les tissus du cygne était nocive — un seul grain d'un peu plus de 0,5 g suffit à empoisonner un cygne, parfois même à le tuer. Chaque coup de feu tiré pas les chasseurs éparpille également 200 à 300 billes de plomb dans la campagne, certaines tombant dans l'eau ou les marécages et étant absorbés par le gibier d'eau, à la place de graines ou de sable.

Ci-dessus: Envol d'un Cygne domestique: du fait de son volume, l'oiseau doit courir à la surface de l'eau, à contre-vent, avant de pouvoir s'élever dans les airs.

Ci-dessous: Femelle et son petit, au nid: les Cygnes domestiques sont des parents modèles; la famille ne se sépare pas dès que les petits sont indépendants.

Il arrive aussi que les cygnes se blessent ou même se tuent par la faute des pêcheurs. Lorsque leurs lignes et leurs hameçons s'accrochent dans les herbes d'un étang, dans les branchages tombant dans l'eau ou dans la végétation avoisinante, ils coupent tout simplement le fil de nylon; les cygnes s'emmêlent alors les pattes dedans ou avalent l'hameçon.

Les cygnes sont confrontés à des dangers encore plus grands, dans les airs. Ce sont en effet des oiseaux volumineux dont les capacités de manœuvre sont faibles en raison de leur poids (10 kg environ), de leur envergure (2,3 m) et de leur vitesse de vol (80 km/h, au maximum). Il arrive ainsi qu'ils heurtent des lignes à haute tension, pour le plus grand dommage des deux parties. Les populations des estuaires et des côtes souffrent particulièrement de la pollution des eaux par les hydrocarbures.

L'ensemble de ces dangers a entraîné un déclin massif de certaines populations, dans la région des lacs du Norfolk, en particulier.

PARTICULARITÉ

Un Cygne domestique dont le cou retombe en arrière, sur son corps, souffre vraisemblablement d'un empoisonnement au plomb. Si l'on n'arrive pas à convaincre les pêcheurs de ne plus utiliser de plomb pour lester leurs lignes, la survie de cette espèce pourrait se trouver en danger.

Description

Le Cygne domestique (Cygnus olor) est un grand oiseau à la silhouette lourde, aux pattes courtes et épaisses, aux pieds palmés et au cou gracieusement incurvé. Lorsqu'il est menacé, il arque la partie supérieure de ses ailes.
Identification: Tubercule noir sur le front, au-dessus du bec orange; cou incurvé et ailes coudées; en vol, les ailes produisent une sorte de vrombrissement. Longueur: 142-160 cm.
Voix: Variété de grognements, ronflements et sifflements.
Nourriture: Végétaux aquatiques. Également petits invertébrés, poissons, feuilles, racines et graines. Broute aussi l'herbe.
Distribution: En Europe, de l'Écosse et du sud de la Suède à la Pologne et au sud de la France; de la Grèce et de la mer Noire, par endroit, jusqu'à la Chine.
Population: Inégalement répartie; vit généralement sur une étendue d'eau entourée de végétation. La population est stable en Europe, avec 35 000 couples; elle atteint 120 000 couples en hiver. En déclin en Grande-Bretagne.
Déplacements: Nomadise en hiver, lorsqu'il gèle.
Reproduction: A la mi-avril, la femelle pond 5 à 7 longs œufs grisâtres et ovales. L'incubation dure 38 à 48 jours.

Ci-dessus: Le Cygne domestique défend son territoire avec détermination. Il adopte une attitude menacante, accompagnée d'un puissant grognement, en présence d'un intrus.

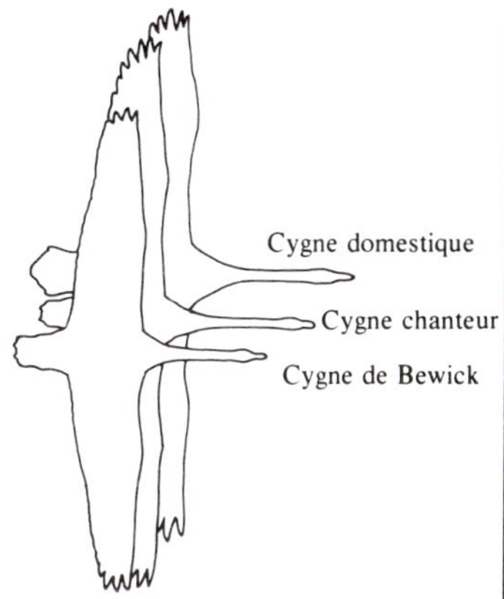

À droite: Le Cygne domestique peut atteindre un poids de 20 kg; il est beaucoup plus gros que le Cygne chanteur ou le Cygne de Bewick.

Cygne de Bewick

Le Cygne de Bewick habite près du cercle polaire et prend ses quartiers d'hiver dans les régions marécageuses de l'Europe de l'Ouest

Le Cygne de Bewick, à qui l'on a donné le nom de celui qui l'a découvert, vit relativement longtemps et forme des couples stables. Il nidifie dans les toundras arctiques de l'extrême nord de la Russie et hiverne dans les régions marécageuses de Hollande, de Suède, du Danemark, du nord de l'Allemagne et d'une partie des îles Britanniques.

Une espèce en voie de disparition

Bien que le Cygne de Bewick soit une espèce protégée, les associations de conservation de la nature doivent rester vigilantes car l'étendue des aires de nidification et d'hivernage de cet oiseau diminue rapidement. Ainsi, les régions arctiques, longtemps protégées par la rigueur du climat, sont maintenant envahies par les sociétés de recherche pétrolière et minérale, ce qui dénature et pollue cet habitat. Les Soviétiques projettent également de détourner le cours nord de certaines grandes rivières pour irriguer les déserts d'Asie centrale. De tels travaux sont désastreux pour une espèce comme le Cygne de Bewick, dont l'étendue du territoire peut atteindre 2 000 hectares. Leurs aires d'hivernage disparaissent aussi rapidement car de grands projets d'assèchement des régions marécageuses sont en cours.

La destruction de l'habitat n'est malheureusement pas la seule menace pesant sur cette espèce. Une grande proportion des oiseaux examinés aux rayons X par des ornithologues avait en effet des plombs de chasse dans le corps, certains même de différents calibres.

Parade nuptiale, comportement social et vie familiale

Des études réalisées par des associations pour la conservation de la nature ont montré que le bec noir et jaune du Cygne de Bewick est unique, comparable en cela à nos empreintes digitales.

Il fut donc possible d'identifier chaque individu, puis d'étudier le comportement social et la vie familiale de l'espèce. Il apparut que les Cygnes de Bewick forment des couples durables. Cependant si l'un des partenaires meurt, l'autre retrouve généralement un conjoint dans l'année. Le choix du partenaire est long; la parade nuptiale commence lorsque les oiseaux sont encore dans leurs quartiers d'hiver, mais la formation du couple ne se fait réellement qu'au printemps, pour les immatures, et qu'entre des individus de trois ou quatre ans. Le couple attend habituellement deux ans avant de se reproduire, par manque de place probablement.

La parade nuptiale du Cygne de Bewick ressemble beaucoup à celle du Cygne chanteur, son cousin, mais ses mouvements sont généralement plus rapides car il est plus petit: le couple se fait face, les plumes du cou dressées, et tourne la tête d'un côté puis de l'autre. Avant l'accouplement, la femelle baisse les ailes, dresse le cou et les plumes de la tête et fait des courbettes avec sa tête; puis le mâle se joint à elle et l'accouplement a lieu lorsque leurs mouvements sont synchrones. Tous deux — ou parfois le mâle seulement — étendent à nouveau leurs ailes et chantent doucement.

Comme pour le Cygne chanteur, les parents s'occupent tous deux de leur famille; si les petits sont menacés, le mâle poursuit l'intrus tandis que la femelle les met en sécurité. La famille ne se sépare pas avant le printemps suivant et retourne au complet vers son aire de nidification: on suppose que la séparation se fait en cours de route puisque l'on ne voit pas de jeunes près des nids. On note cependant que quelques-uns rejoignent leurs parents et leur nouvelle famille l'année suivante — on a même vu un oiseau retrouver ses parents plusieurs années.

Les cygnes et certains autres gros oiseaux vivant en colonie ont un envol difficile; c'est pourquoi il est important que le signal de l'envoi soit bien clair; un certain type de parade a alors lieu: les oiseaux émettent des sons tonitruants et agitent très ostensiblement la tête de bas en haut en dressant et courbant alternativement le cou. Leurs cris vont en crescendo jusqu'à l'envol.

Ci-dessus: *Le Cygne de Bewick fréquente les étendues d'eau mais ne se baigne qu'en eau douce.*
En bas, à gauche: *Cygne de Bewick. Son cou est plus court que celui du Cygne chanteur.*
En haut à droite: *La période de reproduction est courte, dans les régions arctiques, c'est pourquoi les parades nuptiales commencent dans les quartiers d'hiver.*
À droite: *Dans certaines régions, ici en Grande-Bretagne, on distribue du grain aux Cygnes de Bewick.*

Description

Le Cygne de Bewick (*Cygnus colombianus bewickii*) est un petit cygne au cou droit et épais et au bec jaune et noir.
Identification: Ressemble au Cygne chanteur, bien que plus petit et avec un cou droit plus court, de plus petites taches jaunes sur le bec et un front fuyant. Longueur: 115-127 cm.
Voix: Claironnements courts et hauts; sons musicaux, en vol.
Nourriture: Végétaux.
Distribution: Nidifie dans la toundra arctique et dans le nord de la Sibérie; une population en Finlande.
Population: Semble stable ou en légère augmentation. 6 000 à 7 000 individus en hiver, dans le nord-ouest de l'Europe.
Déplacements: Hiverne dans le sud de la Scandinavie, aux Pays-Bas et en Grande-Bretagne. Son itinéraire passe par la mer Blanche, le Golfe de Finlande et la Baltique.
Reproduction: Niche à proximité de l'eau, souvent en colonie. Le nid est un amas de mousse et de lichen. Généralement 4 œufs blanc-crème, début juin. Incubation: 29 à 39 jours. Les petits quittent le nid à 40-45 jours.

En bas, à droite: *L'oiseau allonge le cou dans l'eau, à la verticale, pour atteindre les plantes poussant au fond.*

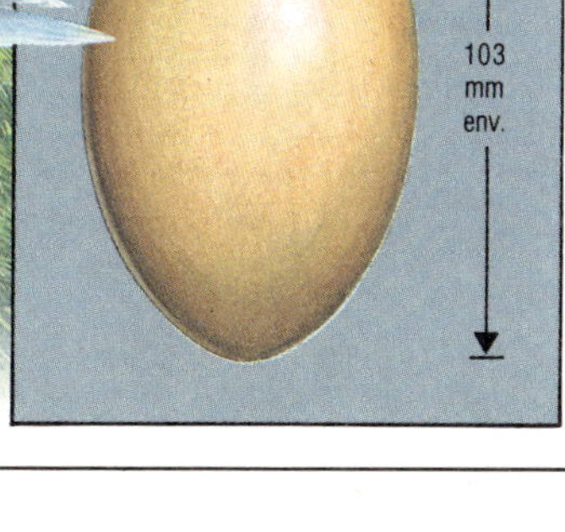

Ci-dessus, à gauche: On distingue même de loin le très long cou droit caractéristique du Cygne chanteur. *De plus près, on remarque une sorte de triangle jaune sur le côté du bec.*

Cygne chanteur

La stabilité des couples de Cygnes chanteurs n'est pas un simple accident de la nature; elle assure en fait la survie du groupe familial et, à terme, celle de l'espèce

Le Cygne chanteur nidifie dans les toundras arctiques et prend ses quartiers d'hiver dans les régions tempérées de l'hémisphère nord. Là, il y vit en colonie de plusieurs centaines d'oiseaux et se nourrit, le jour comme la nuit, de différentes plantes aquatiques et aussi de pommes de terre et de graines qu'il trouve dans les champs. Comme certains autres cygnes, il dort sur l'eau pour se protéger des prédateurs.
À haute altitude, ces oiseaux adoptent une formation caractéristique en V ou volent les uns derrière les autres, à plus ou moins grande distance.

Un couple stable
A la saison des nids, les couples choisissent un grand territoire que le mâle défend âprement. La stabilité de leurs liens, qui durent parfois la vie entière, assure en fait la survie de l'espèce.
La brièveté de l'été arctique et la rudesse du climat ne facilitent pas la reproduction de cette espèce; c'est pourquoi beaucoup d'oiseaux s'accouplent pendant la migration, les jeunes couples avant même leur départ. Si la ponte et l'élevage des petits ne se font pas en temps voulu, les œufs n'éclosent pas, les petits meurent ou, s'ils survivent, ne sont pas assez vigoureux pour effectuer avec leurs parents le retour vers leurs aires d'hivernage.
La solidité des couples est ainsi la meilleure garantie de survie.
Leurs liens se renforcent au cours des années, car c'est ensemble que les deux partenaires cherchent leur nourriture, luttent contre le danger et élèvent leurs petits. Le rituel de la parade, qui permet aux oiseaux de se connaître, contribuent également à renforcer ces liens.

La défense du territoire et la parade nuptiale
Le Cygne chanteur commence à se reproduire entre quatre et six ans — auparavant, les immatures vivent en groupe et ne s'approchent pas de l'aire de nidification. Les mâles, et en particulier ceux qui n'ont pas encore niché ou qui n'y ont pas réussi, commencent leur cour dès l'hiver.
Arrivé dans son domaine de nidification, le Cygne chanteur fait usage de son plumage blanc et de sa voix puissante pour avertir ses congénères qu'il occupe un territoire. Si un rival s'approche, l'un des partenaires, parfois les deux, prend une attitude menaçante, battant vivement ses ailes à demi ouvertes et allongeant le cou vers celui-ci en criant. Si cela n'est pas suffisant, il poursuivra l'intrus hors du territoire; ces querelles se terminent parfois par de véritables combats.
L'intrus chassé, le couple se livre à une "cérémonie triomphale": les partenaires se tiennent le corps bien droit, battant des ailes et baissant la tête en poussant des cris stridents. Le rituel de menace est également utilisé à l'intérieur de la colonie et s'accompagne de sifflements et de bruissements d'ailes pour en renforcer l'effet.
Les partenaires se saluent en inclinant la tête et, au plus fort de la parade nuptiale, tournent la tête de concert, les plumes du cou dressées. Les oiseaux tendent et rentrent alternativement le cou. Quelques-uns poussent alors des cris tonitruants, auxquels tous se joignent ensuite. Juste avant l'accouplement, qui a lieu dans un endroit humide, les partenaires se font des révérences.

Ci-dessus: Un atterrissage gracieux mais rapide. Le Cygne chanteur laisse d'abord glisser ses pattes sur l'eau, puis se pose en utilisant son corps et ses ailes comme freins pneumatiques.
À droite: Vol migratoire de Cygnes chanteurs. Les étés arctiques sont courts et il est vital pour l'espèce que le processus de reproduction se déroule aussi rapidement que possible.
À gauche: Le Cygne chanteur est relativement sociable en dehors de la saison des nids. Il n'a plus alors son comportement agressif et vit au sein d'une colonie d'une centaine d'oiseaux ou même plus.

Description

Le Cygne chanteur (*Cygnus cygnus*) ressemble au Cygne de Bewick, bien que plus grand, avec un triangle jaune sur le bec.

Identification: Cou long et assez droit, front fuyant, bec jaune à bout noir. Tête et cou souvent teintés d'orange. Longueur: 145-160 cm.
Voix: Claironnements courts et sonores.
Nourriture: Végétaux.
Distribution: Nidifie dans presque tout le nord de l'Asie; en Europe, réduite au nord de la Russie, à certaines régions du sud et du centre de la Scandinavie et à l'Islande. Occasionnellement en Écosse.
Population: En Europe, environ 6 500 individus en été et 4 500 en hiver.
Déplacements: Les oiseaux d'Islande sont en partie migrateurs, quelques-uns hivernant en Grande-Bretagne. Ceux de Russie et de Scandinavie migrent vers le sud-ouest et hivernent au sud de la Baltique, en mer du Nord et dans le nord-ouest de l'Europe. Les oiseaux hivernant dans le sud-est sont originaires de la partie la plus orientale de la distribution.
Reprodution: Les couples solitaires nichent au bord de l'eau ou sur une petite île. Le nid n'est qu'un gros amas de végétaux, garni de duvet. Généralement 5 à 6 œufs, longs et ovales, blanc-crème, de début mai à juin. Incubation: 31 à 43 jours. Les jeunes sont recouverts d'un duvet blanc grisâtre et quittent le nid à 87 jours, environ; ils restent toutefois avec leurs parents jusqu'au printemps suivant.

Oie cendrée

Cette grande oie est l'ancêtre de notre oie domestique. Après de longues années de persécution, et donc de déclin, sa population se redresse à l'heure actuelle dans toute l'Europe

Cette oie, la plus grande des oies natives d'Europe, est également la plus largement répandue. Autrefois très commune en Europe et en Asie — d'Islande au Japon et du nord de la Scandinavie à l'Algérie — elle a été décimée par les persécutions, par les chasseurs en particulier, qui les tuaient ou les capturaient avec leurs œufs pour les manger ou les domestiquer.
La distribution de cette espèce est ainsi devenue très réduite. Certaines populations ont même complètement disparu de plusieurs pays d'Europe, malgré des mesures de protection. Toutefois, la situation semble se redresser.

Une renaissance
L'Oie cendrée est l'ancêtre de la plupart des oies domestiques et l'on a constaté que de nombreux croisements s'étaient produits entre les deux espèces. Ces croisements ainsi que la réintroduction délibérée de l'espèce, soit par métissage avec les colonies de certaines régions soit par recolonisation des régions où elle avait disparu, ont permis d'en augmenter la population. Encouragée par la présence d'oies en liberté, l'Oie cendrée a réoccupé certains de ses anciens lieux de nidification.

L'Oie cendrée a un bec orange, mais il existe une sous-espèce à bec rose, dans la zone est de la distribution. Cette dernière, introduite dans certaines régions, a permis d'étudier l'accroissement de la population.
Il semble que ce soient la résistance et la faculté d'adaptation de l'Oie cendrée qui aient permis ces réintroductions. En effet, cet oiseau peut vivre aussi bien dans la toundra arctique que dans les régions montagneuses ou les marécages du sud de sa distribution; des couples isolés et de petites colonies peuvent aussi vivre dans un espace restreint et tolèrent mieux la proximité des hommes que la plupart des oies. Leur docilité, mais aussi leur taille et leur chair en ont fait des animaux idéals à domestiquer.

La vie familiale
Les liens conjugaux et familiaux des Oies cendrées sont très forts. Le mâle monte la garde pendant que la femelle pond et couve et tous deux défendront avec détermination leurs petits en cas de besoin, bien que ceux-ci soient capables de se nourrir dès l'éclosion. L'unité familiale est préservée jusqu'au printemps suivant, au sein de colonies parfois immenses. Les liens tissés dès les premiers jours de leur vie sont si forts que des oisons déplacés peuvent s'attacher au premier substitut humain qu'ils rencontrent.

Ci-dessous: Oie cendrée en vol: on distingue le bord antérieur gris bleuté de l'aile, caractéristique de ce puissant oiseau.

Encadré: Les petits explorent la berge pendant que les parents surveillent attentivement un autre adulte.

Ci-dessus: Oie cendrée lissant son plumage; la durée de l'opération varie en fonction de la température.

Description

L'Oie cendrée (*Anser anser*), à l'ossature et au vol puissants, est la plus grande des oies grises. Elle est plus fine que l'oie domestique, dont elle est l'ancêtre; sa voix et son tempérament sont similaires. Elle pâture dans les marais et les prairies.

Identification: Plumage gris avec poitrine plus claire. Les oiseaux des régions occidentales ont le bec et les pattes oranges, ceux des régions orientales les ont roses. Bords antérieurs des ailes plus pâles, en vol. Longueur: 75-88 cm.

Voix: Cancanements et jacassements; babil nasal.

Nourriture: Végétale; pâture et fouille le sol de son large bec, à la recherche de racines et de tubercules. Plantes aquatiques, feuilles, tiges, graines et racines en tout genre.

Distribution: Bien répartie en Europe, à l'origine, dans les marais et les grands espaces; maintenant disséminée en raison de la chasse et du drainage des régions humides.

Population: Reste la plus représentée des oies, malgré sa persécution. 30 000 couples nicheurs environ, en Europe.

Déplacements: Les oiseaux d'Islande hivernent en Grande-Bretagne, ceux de Scandinavie en Espagne et ceux d'Europe centrale en Afrique du Nord.

Reproduction: Les couples nichent séparément dans des lieux abrités, généralement près de l'eau. Le nid est un amas de végétaux, garni de duvet. De fin mars à mi-avril, la femelle pond 4 à 6 œufs blanchâtres, qu'elle couve 27 à 28 jours pendant que le mâle monte la garde. Les deux parents élèvent les oisons, jaune-verdâtre. Ceux-ci volent à 8 semaines, environ, mais restent avec leurs parents tout l'hiver. Une seule couvée.

Bernache du Canada

Dans son pays d'origine, la Bernache du Canada annonce l'arrivée de l'hiver par son départ. Introduit en Europe, cet oiseau est sédentaire

À gauche: *Dans nos pays, la Bernache du Canada pond de la mi-mars au début d'avril et construit son nid à même le sol avec de l'herbe, des feuilles et des roseaux et le garnit de duvet.*
En haut: *Bernaches du Canada à la recherche de nourriture dans un champ de neige, en Suède. Beaucoup d'oiseaux de ce pays hivernent en Allemagne.*
Ci-dessus: *Jeune se préparant au bain; les jeunes Bernaches du Canada sont très précoces — ils sont capables de se nourrir seuls dès leur éclosion.*

L'exemple de la Bernache du Canada montre qu'une espèce introduite dans un pays qui n'est pas le sien peut parfois s'y établir rapidement. Cette espèce est originaire du Canada, mais quelques individus vagabondent jusqu'aux îles Britanniques et au Japon. Les populations européennes ont toutes été introduites par des particuliers, pour leurs collections, leurs propriétés privées ou pour les parcs zoologiques. Elle fut élevée en Grande-Bretagne depuis la fin du XVIIe siècle. Son introduction s'est poursuivie au XIXe et l'on en dénombre aujourd'hui plus de 20 000. Elle fut également introduite en Suède en 1933 et en Norvège en 1936; leur population s'élève respectivement à 10 000 et à plusieurs centaines, maintenant.

Des colonisateurs heureux

La Bernache du Canada a peu d'ennemis naturels, c'est pourquoi elle a une longue espérance de vie. Son expansion est cependant principalement due à ses habitudes alimentaires. Comme la plupart des oies, elle se nourrit d'herbe. Ainsi, en Grande-Bretagne, la lutte pour la nourriture est limitée car les seules autres espèces de canards et d'oies herbivores n'y passent en principe que l'hiver. La Bernache du Canada se nourrit également de céréales d'été, de blé d'hiver, de pousses de betterave sucrière et de colza. Elle n'est pas appréciée des fermiers car elle n'hésite pas à piétiner les champs, par colonies entières.

La parade d'amour et la formation des couples chez les Bernaches du Canada migratrices se font avant que les oiseaux atteignent leur aire de nidification. Les oiseaux essentiellement sédentaires, comme ceux de Grande-Bretagne, forment leurs couples avant de choisir l'emplacement du nid. Comme les autres oies et les cygnes, les Bernaches du Canada forment des couples stables, mais si l'un des partenaires meurt, il sera rapidement remplacé.

Cérémonie triomphale

Le mâle commence sa parade en se faisant connaître; le cou et la tête bien droits, il attaque ses rivaux ou simule une attaque. Après chaque tentative, il met son cou à l'horizontale, en balançant la tête de droite et de gauche et en poussant des cris tonitruants. C'est la "cérémonie triomphale", commune à la plupart des oies. La femelle conquise participera à la cérémonie en se plaçant à côté du mâle, mais regardera dans la direction opposée. Ce comportement revêt une importance particulière car il sert à tisser les liens entre les deux partenaires et à les maintenir.

Parade d'intimidation

Le territoire de cet oiseau doit correspondre, par son étendue, aux besoins du couple en nourriture; il est vigoureusement défendu par le mâle, dès la fin de l'hiver, qui exécute alors une "parade d'intimidation", composée d'attitudes et de mouvements agressifs. Ce type de comportement est commun à toutes les oies.

Les adultes muent alors que les petits sont encore au nid et ne peuvent voler pendant trois ou quatre semaines. Tous les oiseaux migrateurs muent en même temps pour s'envoler ensemble vers leurs quartiers d'hiver. La majorité des oiseaux d'Europe ne migrent pas: ils nidifient, muent et hivernent donc sur place; il est rare que les adultes nomadisent très loin.

L'absence de véritable migration des adultes de ces régions vient de la douceur du climat et de l'abondance de nourriture. Au cours d'un hiver particulièrement rigoureux, on a cependant vu en France et même en Suisse des Bernaches du Canada venant de Grande-Bretagne.

Description

La Bernache du Canada (*Branta canadensis*), originaire d'Amérique du Nord, fréquente les marécages de forêts continentales de nos pays depuis qu'elle y a été introduite.
Identification: Plumage brun, tête et cou noirs, joues et gorge blanches; bec, pattes et pieds noirâtres. Longueur: 56-110 cm.
Voix: Claironnements sonores en vol; couinements, jacassements et également faibles grognements.
Nourriture: Essentiellement végétale. Broute la plupart du temps les cultures et affectionne le grain et le chou, en particulier. Se nourrit occasionnellement dans l'eau.
Distribution: Originaire de l'Amérique du Nord, de l'Alaska et du nord du Canada au Mexique. Englobe maintenant l'Angleterre, les plaines du Pays de Galles, l'Écosse et l'Irlande du Nord. En Suède et en Norvège, également.
Population: Nombreuse et s'accroissant rapidement. N'entre pas en concurrence avec les oies natives, puisqu'elle préfère les habitats continentaux, à végétation abondante.
Déplacements: Les oiseaux d'Amérique du Nord migrent vers le sud des États-Unis.
Reproduction: Niche en colonies éparses. Les nids, qui ne sont qu'un simple creux ou un amas de végétaux garni de duvet, sont bâtis assez loin les uns des autres, dans des lieux cachés ou boisés, au bord de l'eau ou sur de petites îles. La femelle pond 5 à 6 œufs blanc crème, début avril, et les couve 28 à 30 jours sous la garde du mâle. Les petits, au duvet jaune et brun verdâtre, sont élevés par les deux parents et restent avec eux jusqu'à la fin de l'hiver, bien qu'ils soient capables de voler à 90 semaines. Une seule couvée.

La parade d'intimidation

L'oiseau tend et courbe alternativement le cou: c'est l'un des principaux éléments de la parade d'intimidation.

Le mâle prend souvent cette pose avantageuse, le cou dressé, après l'accouplement et pendant toute la durée de la saison des nids.

Lorsqu'un rival s'approche du territoire, l'oiseau allonge souvent le cou vers le sol, en signe de menace.

Le mâle ouvre ses ailes et pousse des cris puissants pour défendre la femelle et les œufs.

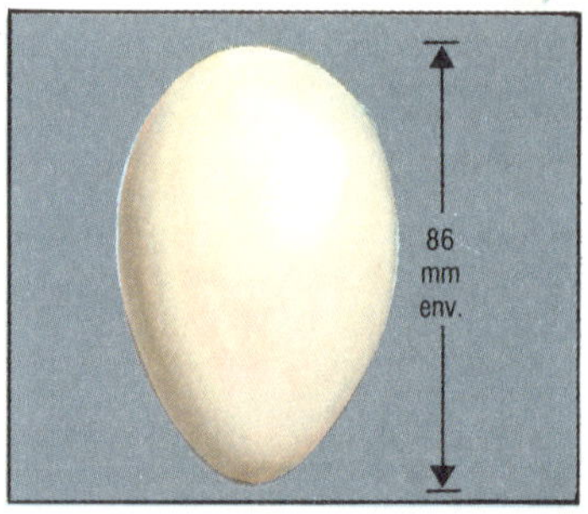

Ci-dessous: Vol de Bernaches du Canada: ces oiseaux volent vite, avec des battements d'ailes amples, puissants et réguliers.

Fuligule morillon

Ci-dessus: Hivernage d'une colonie de Fuligules morillons, à Texel Island, aux Pays-Bas.

La population des Fuligules morillons a progressé, malgré l'assèchement de nombreux marécages; c'est maintenant l'espèce la plus commune sur tous les plans d'eau douce d'Europe occidentale

En 1848, le Fuligule morillon était pratiquement inconnu en Europe occidentale. L'année suivante, on observa un premier couple nicheur en Grande-Bretagne et, depuis 150 ans, c'est à une véritable invasion que l'on assiste dans de nombreux pays d'Europe.

Les facteurs de succès

Le Fuligule morillon a colonisé les pays européens pour plusieurs raisons. L'assèchement de certains lacs du Sud-Ouest asiatique, dû au lent réchauffement de ces régions depuis la fin du siècle dernier, a sans doute forcé cet oiseau à étendre sa zone de nidification. En outre, les campagnes des pays d'Europe occidentale se sont transformées, offrant au Fuligule morillon la possibilité d'utiliser des habitats artificiels et, donc, de se multiplier.

Ces transformations du paysage au XIXe siècle sont essentiellement dues à la révolution industrielle. Des centaines de réservoirs durent être construits dans les régions industrielles pour satisfaire à la demande d'un nombre croissant d'usines et d'habitations urbaines.

Dans les plaines, bon nombre de ces réservoirs artificiels correspondait tout à fait aux besoins du Fuligule morillon. Ces plans d'eau, à la fois suffisamment grands et peu profonds sur les bords, lui fournissent une nourriture abondante en mollusques, insectes, crustacés et plantes aquatiques.

Depuis les années 1930, on a également commencé à remplir d'eau les gravières désaffectées; celles-ci abritent maintenant un nombre considérable d'espèces.

La reproduction

La femelle n'a qu'une seule couvée de huit à onze petits. Il faut noter que ce n'est pas l'importance de ces couvées qui a favorisé l'expansion de l'espèce. Si la majorité des œufs éclot, un très petit nombre de petits survit au-delà du premier été. Ce taux de mortalité ne s'explique pas par un manque de soins, car la femelle protège activement ses œufs et ses petits.

Les Fuligules morillons nichent généralement à proximité d'une colonie d'oiseaux aquatiques, de mouettes, de labbes ou de sternes, qui se délectent des œufs des autres oiseaux. Ils recherchent en fait leur protection car ces colonies sont à même, par leur nombre et par leurs cris, d'éloigner les prédateurs.

Une vie dangereuse pour les jeunes

Quelques heures seulement après l'éclosion, les petits quittent le nid et doivent apprendre à se nourrir seuls. Ils grappillent tout ce qu'ils peuvent, tout en restant près de leur mère. Les adultes se nourrissent de crustacés et de petits poissons qu'ils vont chercher à deux ou trois mètres de profondeur. Les petits se nourrissent la plupart du temps à la surface — ils allongent rapidement le cou pour attraper des insectes, tels des moustiques ou des moucherons, ou des graines flottant sur l'eau. En hiver, surtout lorsqu'il fait

À gauche: Le Fuligule morillon mâle a un plumage noir et blanc, alors que celui de la femelle est brun.
Ci-dessus: Quelques heures après leur naissance, les petits quittent le nid et apprennent à se nourrir.
Ci-dessus à droite: Les jeunes font parfois de rapides plongeons pour attraper des insectes et des graines.

froid et qu'il y a du vent, il leur est difficile de se nourrir de cette façon; ils ne trouvent alors plus de larves d'insectes et sont obligés de plonger; beaucoup meurent de froid ou d'épuisement.

Les mouettes menacent
Même par beau temps, les prédateurs sont une menace pour les jeunes. Ainsi, les mouettes repèrent vite les plus faibles, et si le temps est mauvais, elles en capturent encore davantage car ils sont plus vulnérables. À l'approche d'une mouette, la mère rappelle sa progéniture près d'elle et se lance sur l'attaquant pour le faire fuir tandis que les petits essayent de plonger pour échapper au danger. La mouette n'abandonne généralement pas si vite la partie. Si elle parvient à isoler l'un des petits, celui-ci s'épuisera à essayer de lui échapper et finira tôt ou tard dans son nid.
On comprend pourquoi plus des trois-quarts des jeunes nés fin juin ou début juillet meurent avant le début du mois d'août. La mortalité est encore plus élevée s'il pleut ou si l'habitat permet aux prédateurs d'attaquer facilement les petits.

Instinct de conservation
L'importance de la couvée répond peut-être à l'instinct de conservation de l'espèce: la femelle pondrait ainsi un grand nombre d'œufs pour qu'au moins un petit survive. De façon générale, la survie d'une espèce est mieux assurée dans les régions où la végétation luxuriante permet aux jeunes de se soustraire aux prédateurs. Pour que la population des Fuligules morillons reste stable, il suffit que chaque couple ait eu, au cours de sa vie, seulement deux petits qui aient atteint l'âge de procréer.

Les migrations hivernales
La femelle abandonne ses petits à l'âge de quatre à six semaines, à l'époque de la mue, pour se mettre à l'abri pendant que son plumage d'hiver pousse. Les jeunes commencent à voler à six semaines, environ, ils quittent alors leur aire de nidification et se joignent aux colonies de Fuligules morillons qui partent vers leurs quartiers d'hiver.
Les oiseaux nidifiant dans le sud de la Grande-Bretagne, le nord de la France, les Pays-Bas et l'Europe centrale ne migrent généralement pas. La plupart des autres s'envolent à l'automne vers des régions plus tempérées. Là, ils se joignent aux populations sédentaires et vivent en colonie près des lacs, des réservoirs artificiels, dans les estuaires et sur les côtes.
De nouvelles vagues d'oiseaux arrivent dans ces régions au cours de l'hiver, lorsque celui-ci est trop rigoureux dans le nord de leur distribution. En janvier et en février, on dénombre habituellement plus d'un demi-million de Fuligules morillons dans le nord-ouest de l'Europe.

Ségrégation
Dans les colonies hivernales de Fuligules morillons, on a souvent constaté une disproportion numérique entre mâles et femelles. Ceci est dû au fait que le mâle, n'ayant dans la famille aucun autre rôle que celui de féconder la femelle, quitte l'aire de nidification beaucoup plus tôt que celle-ci et parvient à ses quartiers d'hiver avant elle. Le mâle a également des habitudes alimentaires légèrement différentes, préférant chercher sa nourriture à plus grande profondeur. Ainsi, dans une même colonie, il y a une sorte de ségrégation, les femelles pêchant dans les eaux peu profondes. Lorsqu'il fait doux, les colonies commencent à se dissoudre en février. Les mâles atteignent les aires de nidification avant les femelles et explorent des territoires pour la parade nuptiale.

PARTICULARITÉ

Il est de tradition de donner à manger aux canards dans les jardins publics. Cette habitude se justifie en hiver, mais peut être néfaste en été. Comme les canetons, les jeunes Fuligules morillons doivent manger des insectes pour que leur plumage soit parfaitement imperméable. Ceux qui se contentent de pain peuvent avoir à en souffrir plus tard, en cas de pluies torrentielles.

Description

Le Fuligule morillon (*Aythya fuligula*) est un gros canard plongeur dont la distribution s'est considérablement étendue.
Identification: Mâle noir et blanc à plumes de tête pourpres et luisantes et à longue huppe retombante. La femelle est plutôt brune et sa huppe est plus petite. Longueur: 40-47 cm.

Voix: Oiseau généralement silencieux en dehors de la saison des nids. Le mâle a une sorte de toux, la femelle pousse des grognements.
Nourriture: Animaux et plantes aquatiques, pris en plongeant.
Distribution: Niche de façon éparse en Europe, mais plus répandu en Islande, Irlande, Grande-Bretagne, Scandinavie, Pologne et en URSS jusqu'à la mer de Bering.
Population: S'est considérablement accrue à l'ouest de la distribution depuis la fin du XIXe siècle. Son expansion a été encouragée par la construction de lacs et de réservoirs artificiels, et par la multiplication des colonies de Mouettes rieuses et de Goélands cendrés en Scandinavie et en Estonie, auxquelles l'espèce se mêle souvent. On l'aperçoit en colonies pouvant atteindre plusieurs milliers d'oiseaux. 55 000 couples, en Europe.
Déplacements: Migrateur. Hiverne dans presque toute l'Europe, jusqu'en Afrique du Nord et au Moyen-Orient.
Reproduction: Niche sur le sol, généralement près de l'eau. Le nid, construit par la femelle, est une simple dépression garnie d'herbes et de duvet. 8 à 11 œufs vert grisâtre. Incubation: 25 jours.

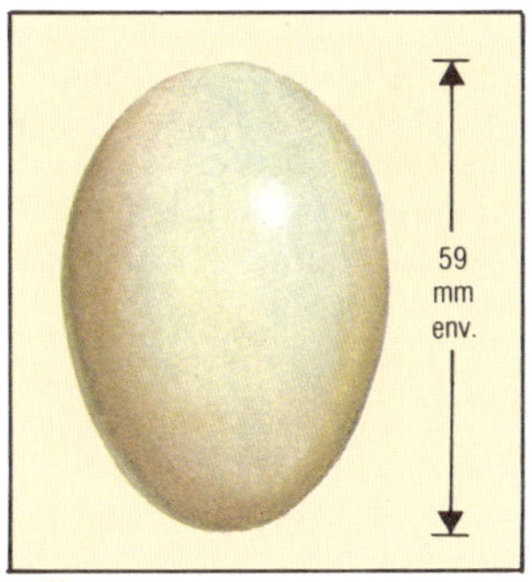

Fuligule milouin

En hiver, il est fréquent de voir auprès des plans d'eau d'importantes bandes de Fuligules milouins rassemblées pour se nourrir. Ils disparaissent sous l'eau, puis réapparaissent brusquement comme des bouchons

Le Fuligule milouin et le Fuligule morillon sont les deux espèces de canards plongeurs les plus communes d'Europe du Nord. Bien que fréquentant souvent les mêmes lacs ou rivières, leur régime alimentaire est différent. Le second se nourrit de mollusques, de crustacés, de larves d'insecte, de têtards et de petits animaux aquatiques, tandis que le premier a un régime presque exclusivement végétarien, se composant d'algues vertes sans racines, de graines, de tiges et de feuilles de joncs, d'herbes et de plantes aquatiques.

Un canard plongeur

Le Fuligule milouin se nourrit dans les eaux douces comme dans les eaux saumâtres, parfois dans les estuaires — dans les parcs à moules, en particulier — mais on ne le voit jamais en mer. Il arrive qu'on le voie près de certaines côtes, lorsque le mauvais temps l'y a entraîné.

Il va chercher sa nourriture dans l'eau claire, de préférence, jusqu'à une profondeur de trois mètres et peut rester sous l'eau une demi-minute, bien qu'il remonte généralement au bout de 15 à 20 secondes. Avant de plonger, il exécute un petit saut dans l'air et déblaie la surface de l'eau avant de plonger. Il nage vigoureusement sous l'eau en grappillant tout ce qui est à sa portée avant de réapparaître à la surface. Lorsque l'eau est peu profonde, il se contente de s'y glisser pour s'immerger. En été, il patauge souvent dans les épis d'eau, les jonchères et les roselières.

En hiver, lorsqu'ils sont en bandes et surtout par temps clair, ils

Description

Le Fuligule milouin (*Aythya ferina*) est un canard plongeur de taille moyenne, très grégaire en hiver, fréquentant les étendues d'eau douce de toutes sortes.

Identification: Tête et cou marron, poitrine noire et plumage gris, pour le mâle; femelle essentiellement brune. Front haut et incliné, bande bleue sur le bec noir. Barres grises sur le dessous de l'aile, pour les deux sexes. Longueur: 45 cm.

Voix: Sifflante pour le mâle, rauque pour la femelle.

Nourriture: Essentiellement végétale. L'oiseau plonge ou barbotte parfois à la recherche d'animaux aquatiques.

Distribution: Nidifie de façon éparse en Europe occidentale, de l'Irlande à la Pologne; à l'est, large bande jusqu'à la Sibérie.

Population: Fluctuante à l'est et à l'ouest de la distribution; en augmentation, en Europe, où l'on dénombre actuellement 17 000 couples, environ.

Déplacements: Beaucoup hivernent en Europe; certains vont jusqu'en Afrique du Nord, en Grèce, en Turquie ou en Iran.

Reproduction: Niche sur le bord de lacs ou de rivières calmes, ou sur les îlots à la végétation abondante. Fait son nid sur le sol ou sur une plate-forme de végétaux, dans les roseaux. 8 à 10 œufs gris-vert, entre mai et juin. Incubation: 25 jours, environ. La femelle élève les petits, qui sont indépendants 50 jours après leur éclosion. Une seule couvée.

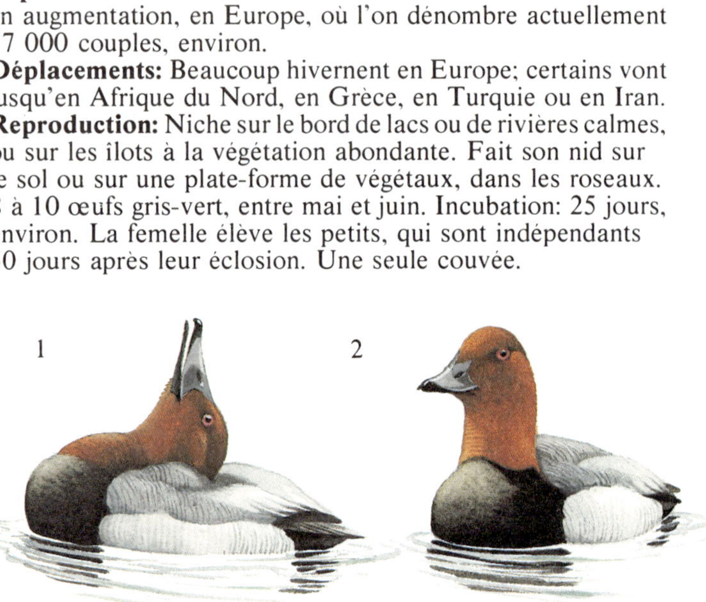

À gauche: Couple de Fuligules milouins au bord de l'eau (le mâle a la tête rousse et les plumes des ailes grises et noires). On voit, en hiver, des colonies nombreuses de Fuligules milouins sur nos plans d'eau artificiels ou sur les lacs et les rivières. Parfois quelques individus se mêlent aux Fuligules morillons.

Ci-dessus: Nid de Fuligule milouin dans une roseraie. Leurs nids sont souvent de grandes plates-formes de végétaux, généralement bien cachées et à l'abri des mammifères prédateurs. La femelle pond 8 à 10 œufs gris-vert qu'elle couve 25 jours; elle s'occupe encore de ses petits pendant 50 jours.

semblent s'amuser à plonger et à réapparaître des centaines de fois, si bien qu'il est très difficile de les compter. Lorsqu'il fait plus sombre, ils sont généralement plus calmes et restent longtemps sur l'eau sans bouger, la tête rentrée sous les plumes du dos.
L'envol du Fuligule milouin est souvent laborieux. Ainsi, plutôt que de s'envoler s'ils sont dérangés, les canards s'arrêteront de manger et s'éloigneront généralement à une distance respectable de la rive. Quelques-uns reviennent aussitôt, la plupart attendant plusieurs minutes.

Un grand territoire

Le Fuligule milouin recherche des lacs écartés et tranquilles, des rivières lentes, des canaux envahis par la végétation ou de grands étangs pour nicher. Il choisira l'emplacement de son nid avec soin, veillant en particulier à ce que la végétation soit suffisamment haute et épaisse pour qu'il puisse s'y nourrir. Il affectionne ainsi les îles recouvertes de végétation, car les nids y sont à l'abri des mammifères prédateurs. Son nid, comme celui de la plupart des canards, n'est parfois qu'un creux garni, au milieu des plantes: c'est souvent, également, une importante plate-forme de plantes aquatiques, totalement ou partiellement entourée d'eau.
Bien que certaines zones soient assez vastes pour abriter plusieurs couples, il semble que leur nombre soit très réduit. Des études réalisées en Grande-Bretagne ont montré qu'un carré de dix kilomètres de côté ne contient généralement que deux nids. En hiver, leur nombre augmente considérablement en raison de la migration des populations des régions plus froides. On voit parfois des colonies de plus de 1 000 oiseaux sur les réservoirs artificiels ou les gravières.

La parade nuptiale du Fuligule milouin:
1. *Le mâle rejette la tête en arrière, en poussant un cri.* **2.** *Il allonge le cou et pointe le bec, à la fois pour séduire la femelle et pour menacer les autres mâles.* **3.** *Il rentre la tête dans son cou, à la manière d'un serpent, et tasse son corps sur l'eau en poussant un cri très doux.*

3

Garrot à l'œil d'or

Le Garrot a l'œil d'or a la particularité de nicher dans le creux d'un arbre; c'est pourquoi les petits doivent sauter du nid, dès qu'ils sont secs. Ils tombent en général dans l'herbe et ne se font aucun mal

L'accouplement des Garrots à l'œil d'or commence au début du printemps, alors qu'ils reviennent de leurs lieux d'hivernage. La date de leur arrivée dans leurs aires de nidification — qui s'étendent du nord de l'Écosse au nord de la Scandinavie, à la Russie et à l'Amérique du Nord — dépend de l'éloignement des régions où ils hivernent. C'est toutefois l'une des premières espèces de l'ordre des canards à arriver et il n'est pas rare qu'il gèle encore. Le mâle a un plumage magnifique, noir et blanc pour le corps et vert et blanc pour la tête, qu'il déploie de façon spectaculaire pendant les parades en émettant des sons fréquents. Celles-ci peuvent être des parades d'intimidation dirigées contre les mâles s'approchant trop de son territoire ou des parades nuptiales, les plus belles, destinées à courtiser une femelle.

Après l'accouplement, les parades conjugales continuent, mais elles s'arrêtent dès que le couple a choisi un emplacement pour le nid, de préférence dans la cavité d'un grand arbre à moitié mort — le même emplacement est parfois réutilisé plusieurs années. La femelle garnit le nid de quelques plumes ou de duvet juste avant de pondre environ six œufs bleutés, à un jour ou un jour et demi d'intervalle. Elle les couve seule 27 à 32 jours et les couvre de duvet à chaque fois qu'elle doit les quitter. Il est rare que les œufs soient mangés par d'autres animaux, mais un grand nombre n'éclot pas s'ils sont mouillés.

Les petits

Les petits naissent tous en même temps; ils sont recouverts d'un duvet brun noirâtre, tacheté de blanc et de gris sur les ailes, le dos et le corps. Leur gorge et leur ventre sont d'un blanc très pur. Ils voient dès leur naissance; ils restent au nid une journée et, lorsqu'ils sont secs, sautent du nid pour aller manger près d'un lac ou d'un point d'eau.

Pour encourager ses petits à sauter du nid, qui se trouve parfois à six mètres du sol, la femelle se poste en bas de l'arbre et les appelle. Ils grimpent sur le bord du nid, en s'y accrochant avec leurs griffes, se jettent alors dans le vide et tombent sur le sol sans se faire aucun mal. Toute la couvée quitte ainsi le nid en moins de deux minutes. La mère conduit ensuite ses petits vers un lac qui peut être distant de trois kilomètres.

Une fois près de l'eau, les jeunes plongent pour attraper des nymphes et des larves de libellules, des coléoptères, des

Ci-dessus: Garrot à l'œil d'or surveillant ses petits. À deux mois, ceux-ci ressemblent à leur mère.

Lorsque leur plumage a remplacé le duvet, les petits migrent plus loin que les adultes.

Description

Le Garrot à l'œil d'or (*Bucephala clangula*) est un beau canard plongeur toujours en mouvement.

Identification: Canard de taille moyenne à petit bec et grosse tête. Le mâle, noir et blanc, a la tête vert brillant et une grosse tache blanche entre l'œil et le bec. La femelle a une tête marron et le dessus du corps marron gris.

Longueur: 42-50 cm.

Voix: Râpeuse pour le mâle; faible sifflement et cri rauque pour la femelle.

Garrot d'Islande

Le Garrot d'Islande, parfaitement adapté aux sols dénudés du Grand Nord, s'aventure rarement loin de sa patrie

Le Garrot d'Islande est, parmi les canards, l'une des espèces qui a le plus de difficultés à adopter un habitat différent du sien. On le trouve presque exclusivement dans les régions arctiques ou subarctiques; il ne se déplace que l'hiver, pour trouver des points d'eau non gelés. Il est donc très rare d'observer cet oiseau en dehors de son aire de nidification européenne, qui est l'Islande. Sur cette grande île volcanique, il affectionne les grands lacs et étangs clairs, de profondeur moyenne, et plus spécialement ceux dont la végétation est rare; il peut ainsi plonger sans difficulté pour y trouver des invertébrés aquatiques, qui constituent son régime alimentaire. Il s'aventure parfois près de rivières ou de cours d'eau rapides.
Contrairement au Garrot à l'œil d'or, le Garrot d'Islande peut vivre dans des régions sans arbre et niche aussi bien dans des broussailles que dans les trous de murs ou de vieux bâtiments ou dans des nichoirs. Son nid est généralement situé près de l'eau, mais il arrive qu'il en soit éloigné d'un kilomètre.

phryganes et des puces d'eau. Ils restent ensemble et ne s'aventurent pas trop profondément dans l'eau, en s'aidant de leurs pattes et de leurs pieds palmés.
Le mâle et la femelle peuvent plonger jusqu'à quatre mètres de profondeur et restent 15 à 20 secondes sous l'eau. Ils se nourrissent de coquillages, de crustacés et de larves d'insectes. Le mâle peut rester plus longtemps dans l'eau et retourne les pierres pour trouver sa nourriture. Jeunes et adultes mangent généralement leurs proies sous l'eau, mais si celles-ci sont trop grosses, ils les ramènent à la surface pour les dévorer. À deux mois, les jeunes ressemblent à la femelle. Au cours de l'automne, des plumes remplacent leur duvet; à cette époque, le mâle ressemble également à la femelle et aux jeunes. Ceux-ci migrent plus tôt et plus loin que les adultes, qui restent parfois dans leurs aires de nidification jusqu'à ce que les lacs et les rivières soient gelés.

Nourriture: Mollusques, crustacés, insectes, petits poissons, grenouilles, musaraignes d'eau et herbe.
Distribution: Nidifie dans les régions très boisées de la Scandinavie à la mer de Béring, en passant par l'URSS; en Amérique du Nord, également. Quelques couples en Europe.
Population: A diminué dans certaines régions, en raison de la disparition de ses habitats. L'installation de nichoirs a permis de stabiliser certaines populations. 60 000 à 100 000 couples.
Déplacements: Migrateur. Au nord, le long des côtes de la Scandinavie jusqu'au Danemark, à la Grande-Bretagne et à l'Irlande. Au sud, en Europe centrale jusqu'à la Grèce et au Liban.
Reproduction: Niche dans les trous d'arbre (à 5 m du sol, parfois), les nichoirs et les terriers, occasionnellement, dans les régions boisées, près de l'eau. Le nid est un simple creux garni de plumes et de duvet. 5 œufs ou plus, vert bleuâtre, en avril ou mai; incubation: 30 jours, environ.

À gauche: La parade nuptiale: *Face à la femelle, le mâle rejette la tête sur son dos, gonfle la poitrine, bat des pieds en éclaboussant et lève l'arrière de son corps. Si la femelle consent, ils s'accouplent. La parade met bien en valeur le beau plumage de la tête et du corps du mâle.*

Description

Le Garrot d'Islande (*Bucephala islandica*) est un canard plongeur noir et blanc, à grosse tête ronde.
Identification: Le mâle a une tête noir-pourpre brillant et une tache blanche en forme de croissant entre l'œil et le bec. Femelle comme celle du Garrot à l'œil d'or. Longueur: 53 cm.
Voix: Émet une double note.
Nourriture: Invertébrés aquatiques qu'il attrape en plongeant.
Distribution: Niche en Islande, au Groenland et en Amérique du Nord.
Population: Stable; 800 à 1 000 couples.
Déplacements: Les populations d'Islande sont sédentaires.
Reproduction: Niche dans des trous profonds; nid rudimentaire, parfois garni d'un peu d'herbe et de quelques feuilles. 8 à 11 œufs verdâtres qui éclosent au bout de 30 jours.

Garrot Arlequin

Le Garrot arlequin, aux coloris hardis, est le seul parmi les canards à pouvoir vivre dans les eaux turbulentes. L'absence totale de rivalité entre espèces explique sa prospérité

Le Garrot arlequin est un petit canard très résistant, se nourrissant exclusivement dans les rivières turbulentes — il arrive qu'il plonge dans des chutes d'eau, parfois même d'un surplomb. C'est un oiseau très vif, capable de sauter dans l'eau — comme pour négocier un rapide — à la recherche de nourriture. Sous l'eau, il nage avec de courts et vigoureux battements d'ailes et marche sur le lit de la rivière en abandonnant sa tête au courant pour que celui-ci le maintienne en profondeur. En hiver, il fréquente les côtes et se nourrit sur les rochers, là où les vagues se brisent et où aucun autre oiseau ne pourrait garder son équilibre. Bien que ce type de vie apparaisse inutilement rude, il semble que le Garrot arlequin y trouve satisfaction puisqu'il y prospère.

Un oiseau sans rival

Deux ou plusieurs espèces animales ne peuvent vivre durablement dans un même endroit s'ils ont exactement le même régime alimentaire. L'une d'elles doit changer ses habitudes ou aller vivre plus loin. C'est ainsi que l'évolution des espèces a conduit le Garrot arlequin, au cours de son histoire, dans cet habitat inhospitalier. Son régime alimentaire, composé de larves d'éphémères et de moucherons, de crevettes d'eau douce et d'autres petits coquillages, est cependant pratiquement identique à celui des autres espèces de canards nichant dans l'Arctique — la différence est qu'il cherche sa nourriture là où aucune autre ne va. La chute d'eau amène des poissons et toutes sortes d'aliments venant du cours supérieur du ruisseau et provoque des tourbillons en

Description

Le Garrot arlequin (*Histrionicus histrionicus*) est un petit canard vif et léger vivant dans les rivières rapides et turbulentes ou en pleine mer.

Identification: Petit canard à haut front et petit bec. Tête et corps bariolé, à bandes noires et blanches; flancs marron. Femelle marron beige, taches blanc bistre à l'avant et à l'arrière de l'œil. En vol, le mâle paraît trapu; il laisse voir des raies blanches sur ses ailes alors que celles de la femelle sont sombres. Longueur: 38-45 cm.

Voix: Pousse des cris aigus et des sifflements semblables à ceux d'une souris.

Nourriture: Essentiellement animale; mollusques, crustacés, vers et poissons, en hiver; larves d'insectes en quantité, en été. L'oiseau plonge pour pêcher, les ailes à moitié ouvertes.

Distribution: En Europe, nidifie seulement en Islande. En Sibérie orientale,

contrebas, offrant au Garrot arlequin tout le loisir d'observer et d'attraper sa proie.
Ainsi, le Garrot arlequin ne prive pas les canards vivant dans les eaux plus calmes de leur nourriture. Au contraire, il exploite des ressources alimentaires qui resteraient autrement inutilisées.

Au coude à coude
Les Garrots arlequins sont des canards plutôt exclusifs, ne frayant pratiquement qu'avec leurs congénères. Leur vie au milieu des torrents rend leur comportement différent de celui des autres canards. Ils nagent tout près les uns des autres, se touchant souvent, soit côte à côte soit en formation en "demi-échelon", la tête du deuxième oiseau étant alors à la hauteur de la queue du premier. La formation "côte à côte" aide les oiseaux à lutter contre le courant, celle en "demi-échelon", comparable à la formation de vol des canards et des oies, les aidant à nager: dans les eaux tumultueuses comme dans les airs, l'oiseau de tête protège celui qui vient directement après.
Le Garrot arlequin, comme beaucoup d'autres canards, niche sur des îles pour se protéger des prédateurs. Il niche en groupe et bâtit un nid rudimentaire près de l'eau. La femelle pond généralement six ou sept œufs dans un endroit calme, près d'un rocher ou dans un petit arbuste. La vie des petits est très éprouvante lorsqu'ils doivent s'aventurer sur l'eau. Encore plus légers que leurs parents, ils ne peuvent se nourrir seuls les tout premiers jours. La mère plonge alors pour eux et leur apporte ce qu'elle trouve.
Ce Garrot a été appelé "arlequin" à cause de son plumage coloré, qui rappelle le costume traditionnel du clown des comédies italiennes. Son nom scientifique, *Histrionicus histrionicus*, signifie "comme un acteur". Il peut parfois avoir l'air d'un clown lorsqu'il est balloté par les flots tumultueux ou qu'il survole un cours d'eau, à basse altitude, en épousant tous les mouvements et sinuosités. Mais c'est, plus que tout, un oiseau qui a su modifier son mode de vie pour survivre là où aucun autre oiseau de cette famille n'est présent.

Groenland et littoral atlantique et pacifique de l'Amérique du Nord, jusqu'au nord de la Californie.
Population: Apparemment stable; 3 000 couples environ, en Islande.
Déplacements: Population d'Islande pratiquement sédentaire; nomadise sur le littoral lorsqu'il gèle à l'intérieur des terres. Les populations d'Asie hivernent jusqu'au sud de la Corée, celles d'Amérique du Nord jusqu'à New York. Environ 30 individus, probablement originaires de Sibérie orientale, recensés en Europe.
Reproduction: Le nid, qui n'est qu'un amas d'herbe et de branchages garni de duvet, généralement bien caché, est construit par la femelle à même le sol, à moins de 5 cm de l'eau, habituellement. Celle-ci pond 6 à 8 œufs jaune crème entre mai et juin et les couve 27 à 29 jours; elle élève seule les petits qui volent à 60-70 jours, environ.

Ci-dessus: Le Garrot arlequin mâle a un plumage coloré, lui donnant parfois l'air d'un clown.

Encadré: Les petits ne deviennent vraiment indépendants que lorsqu'ils ont atteint leurs quartiers d'hiver, près des côtes.

Ci-dessous: Le Garrot arlequin saute dans les eaux tumultueuses pour attraper des petits animaux, tels des mollusques, des crustacés et des poissons.

PARTICULARITÉ

Il est difficile d'imaginer que le plumage du Garrot arlequin puisse lui servir de camouflage; pourtant, le mélange de couleurs se confond bien avec le tumulte des eaux et le protège des prédateurs.

Harle bièvre

Le Harle bièvre est un oiseau piscivore dont les pêcheurs admirent souvent l'habileté et que l'on peut à juste titre considérer comme leur allié

Avec son bec fortement crochu à l'extrémité, ses dents dirigées vers la gorge lui permettant de tenir fermement un poisson glissant et son corps parfaitement adapté à la poursuite et à la pêche, le Harle bièvre est une véritable machine à tuer les poissons.

Un puissant nageur
Le Harle bièvre cherche sa nourriture dans l'eau et plonge la plupart du temps en sautant et en éclaboussant autour de lui, bien qu'il puisse le faire sans bruit. Contrairement à son cousin, le Harle huppé, qui utilise ses pattes et ses ailes pour nager sous l'eau, le Harle bièvre ne s'aide pratiquement que de ses pattes. Il peut atteindre la profondeur de 4 m ou même davantage, et y rester 30 secondes.

Un accusé coupable
Le Harle bièvre nidifie sur les eaux continentales, lacs ou rivières, pourvu qu'elles soient claires, et sa nourriture se compose aux trois quarts de poissons. Force est de constater qu'il choisit les meilleurs lieux de pêche — ceux où l'on trouve des truites, en particulier.
On comprend que les pêcheurs puissent ne pas apprécier la présence des Harles bièvres, des Hérons cendrés et d'autres prédateurs; toutefois, la concurrence des premiers ne semble pas leur porter tort. En effet, les rivières et les lacs régulièrement alevinés par les pêcheurs ne produisent souvent que des poissons relativement petits: faute de nourriture suffisante pour toutes, aucune truite n'atteint une bonne taille. La présence du Harle bièvre peut alors leur être utile, puisqu'il ne peut manger que de petits poissons: les autres ont alors une nourriture suffisante pour grossir. La plupart des pêcheurs admettent que la paix et la solitude des lieux, la nature et la vie animale ajoutent encore au plaisir de la pêche.

Une parade haute en couleur
La parade du Harle bièvre est bruyante et particulièrement amusante à regarder: le mâle se précipite vers la femelle avant de poser et de cabrioler pour montrer son fin plumage. Le cou tendu vers l'avant, les plumes de la tête dressées, il tourne souvent autour de la femelle en faisant entendre sa voix. Si la femelle s'enfuit en nageant ou plonge, on assistera souvent à une poursuite sous l'eau.

Ci-dessus: Harle bièvre mâle: sa tête vert bouteille et son plumage noir et blanc permettent de l'identifier facilement.

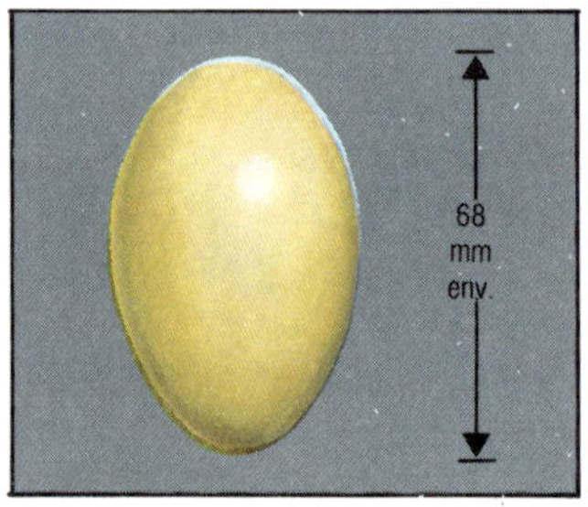

Ci-dessus: La "dentition" du Harle bièvre.

Reproduction
Le Harle bièvre niche dans une dépression garnie de duvet, souvent dans un trou ou dans un arbre, parfois dans une paroi rocheuse. Entre la fin mars et le début de mai, la femelle ponde huit à onze gros œufs ovales, de couleur crème, et les couve 30 à 32 jours. Les petits ont un duvet brun et blanc et ressemblent beaucoup à ceux du Harle huppé. La femelle s'en occupe pendant 60 à 70 jours, bien qu'ils soient capables de se nourrir seuls.

Hivernage
Avant l'arrivée de l'hiver, les Harles bièvres partent vers le sud et rejoignent, par petits groupes d'une douzaine seulement, les grands lacs et réservoirs où ils hiverneront. On peut penser que s'ils hivernaient en colonie, les pêcheurs les accuseraient de dépeupler ces plans d'eau.

Ci-dessus: Harle bièvre femelle et ses petits: on remarque que leur plumage est tout différent de celui du mâle. Contrairement à son cousin, le Harle huppé, le Harle bièvre nidifie près des lacs et des rivières dont les eaux sont claires.

À gauche: Harle bièvre nageant. La forme aérodynamique de son corps, la tête et le cou allongés et prêts à saisir une proie, rappelle celle d'une torpille.

Description
Le plus grand parmi les canards à bec aux bords dentelés, le Harle bièvre (*Mergus merganser*) est le très proche cousin du Harle huppé. Il fréquente les grands lacs continentaux ou le cours supérieur des rivières. En expansion grâce à des mesures de protection et à l'installation de nichoirs.
Identification: Oiseau à long bec, large, mince et à bords dentelés. Mâle en grande partie blanc, teinté de rose ou de crème sur le ventre, tête vert bouteille et dos noir. La femelle à une tête roux orangé, à crête hérissée, contrastant avec sa poitrine et son menton blancs; dos et flancs gris. Longueur: 58-66 cm.
Voix: Se fait principalement entendre à la saison des nids. Le mâle a une voix nasillarde; la femelle émet des sons durs, trahissant parfois une certaine excitation.
Nourriture: Plonge et pêche surtout de petits poissons.
Distribution: Niche dans les régions nordiques, autour du pôle Nord, généralement plus au sud que le Harle huppé.
Population: Colonisation récente du nord de la Grande-Bretagne et de l'Irlande. En expansion en Finlande, Pologne et Estonie, en déclin au Danemark et en Allemagne de l'Est. Niche uniquement près des lacs d'eau douce et les rivières. 4 000 couples en Finlande, 500 à 1 000 en Grande-Bretagne. 75 000 oiseaux hivernent dans le nord-ouest de l'Europe et 10 000 dans les régions de la mer Noire.
Déplacements: Les populations d'Islande, Grande-Bretagne et Scandinavie ne nomadisent pas très loin en hiver; celles du nord et du centre de la Scandinavie, de Finlande, des États baltes et de Russie hivernent surtout dans la Baltique, les Pays-Bas et la Grande-Bretagne, parfois à l'ouest de la mer Caspienne et de la mer Noire.
Reproduction: La femelle pond 8 à 11 œufs entre la fin mars et le début de mai et les couve seule. Une seule couvée.

Ci-dessus: Harle bièvre femelle adulte, en gros plan: son cou et sa gorge sont blanc moucheté et contrastent avec sa tête et sa crête hirsute rousses.

Harle huppé

La rivalité entre les Harles huppés mâles est, au moment de la parade nuptiale, très forte et bruyante

La parade nuptiale des Harles huppés est l'un des spectacles les plus animés que l'on puisse voir au plus profond de l'hiver sur les côtes. Le mâle est un oiseau très coloré dont on distingue facilement la tête sombre, la crête hirsute, le collier blanc et la poitrine tachetée de brun, même par temps sombre. Lorsque les colonies se forment dans les quartiers d'hiver, les mâles ont déjà leur plumage nuptial. Lors de la parade, ils nagent généralement en groupe près de la rive et il n'est pas rare que tous essaient de courtiser la même femelle.

La parade
Le mâle essaie d'attirer l'attention d'une femelle de différentes façons. Il lèvera d'abord le cou pour la saluer et lui montrer son collier blanc; puis, émettant des sons grinçants, il lui fera une révérence de sorte que sa poitrine et le bas de son cou soient dans l'eau, alors que sa tête et sa queue sont tournées vers le ciel. Si la femelle reste indifférente à la parade des mâles, ceux-ci peuvent devenir plus pressants. Certains s'approchent d'elle en faisant la course et en remuant bruyamment l'eau. Si elle tente de repousser leurs avances en s'envolant ou en plongeant, les mâles la poursuivent et la même cérémonie du salut, de la révérence et de la poursuite peut recommencer.
L'activité fiévreuse du groupe, dans lequel la femelle choisira son partenaire, permet à celle-ci d'évaluer les mérites des différents prétendants, avant la saison des nids. Elle exprimera son consentement à celui qui l'a conquise en s'inclinant avec soumission.
Dès la fin de février, le Harle huppé s'envole vers ses aires de nidification. La plupart des oiseaux de cette espèce nidifient dans les régions côtières, dans les criques, les estuaires et les baies. Certains couples nidifient à proximité du cours inférieur des rivières, mais très peu s'aventurent à l'intérieur des terres; près des lacs d'eau douce ou des rivières de montagne, qui sont le domaine de son cousin le Harle bièvre.

Des nicheurs grégaires
Le Harle huppé est un oiseau grégaire même à la saison des nids. Certains îlots à végétation abondante abritent, malgré leur exiguïté, plusieurs couples et l'on voit souvent un grand nombre d'oiseaux nicheurs rassemblés sur des bancs de sable ou en d'autres endroits.
Leur nid n'est qu'un petit creux dans des arbrisseaux épais ou dans toute autre végétation. Certains couples nichent dans d'anciens terriers. Dans certaines régions, les mouettes volent une bonne partie de la couvée; c'est pourquoi les nids sont généralement cachés.
Lorsque la femelle commence à couver, son partenaire la quitte généralement et rejoint les autres mâles et les immatures près des côtes. Il mue alors et son plumage d'hiver, qui lui servira pour la prochaine parade nuptiale, pousse. À l'époque de la mue, à la fin de l'été, on peut observer un rassemblement de plusieurs milliers de mâles au Danemark, à Limfjorden.
Tous les petits d'une couvée naissent à peu près en même temps. Ils sont capables de se nourrir quelques heures seulement après l'éclosion, mais la femelle s'en occupe pendant quelques semaines. C'est à ce moment-là que les mouettes les guettent. Ils restent généralement près de leur mère et courent se cacher dans la végétation, près de l'eau, dès qu'un danger les menace. S'ils sont à découvert, ils essaient de s'échapper en s'éparpillant rapidement et avec bruit sur l'eau.
Âgés de quelques semaines, les petits sont souvent regroupés dans des crèches, contenant parfois jusqu'à 50 jeunes, et confiés à la garde d'une seule femelle.

Description
Le Harle huppé (*Mergus serrator*) est un gros canard au long bec à bords dentelés et à la crête en désordre. Il fréquente les plans d'eau douce ou salée, plongeant et pêchant.
Identification: Légèrement plus petit que son cousin le Harle bièvre. Le mâle a le dos sombre, la poitrine brune tachetée de noir et des flancs gris. La femelle a la tête brune et hérissée et la gorge blanche; les plumes brunes du cou se fondent petit à petit dans celles du corps gris-marron. Intérieur des ailes blanc avec une ou deux bandes blanches visibles en vol. Longueur: 52-58 cm.
Voix: Se fait surtout entendre pendant la saison des nids; le mâle émet des sons métalliques, des râles, des ronronnements ou des miaulements, la femelle des sons durs.
Nourriture: Plonge et pêche surtout des petits poissons.
Distribution: Niche dans les régions nordiques et polaires.

Ci-dessus: *Scène de parade: le cou tendu vers le ciel, le Harle huppé mâle essaie de conquérir une femelle pour en faire sa compagne.*

À gauche: *Le Harle huppé appartient au groupe des canards à bec aux bords dentelés. Celui-ci, long et fortement crochu à son extrémité, lui permet d'attraper facilement de petits poissons.*

En haut, à droite: *Entourée d'une cour de mâles, la femelle paraît indifférente à l'agitation qui règne autour d'elle. Ce comportement n'est pas rare; la femelle peut en effet repousser toute avance tant qu'elle ne se sent pas prête pour l'accouplement.*

À droite: *Scène du salut: le mâle imprime à ses ailes et à son corps un mouvement de bascule.*

Population: En expansion dans de nombreuses régions d'Europe, grâce aux mesures de protection prises par certains pays. La population de la Finlande est la plus importante, avec 10 000 individus environ. On compte en Grande-Bretagne 1 000 à 2 000 couples.
Déplacements: Oiseau migrateur. Certaines populations d'Islande, de Grande-Bretagne et de Scandinavie hivernent près des côtes; d'autres, de Finlande, de Pologne, des États baltes, de Pologne et du nord-ouest de la Russie hivernent de la Baltique aux Pays-Bas et à la Grande-Bretagne.
Reproduction: Niche dans de simples creux garnis de feuilles, d'herbe et de duvet par la femelle. Celle-ci pond 6 à 14 œufs ovales, couleur pierre, et les couve 31 à 32 jours. Principale période de reproduction de mai à début juin. Une seule couvée.

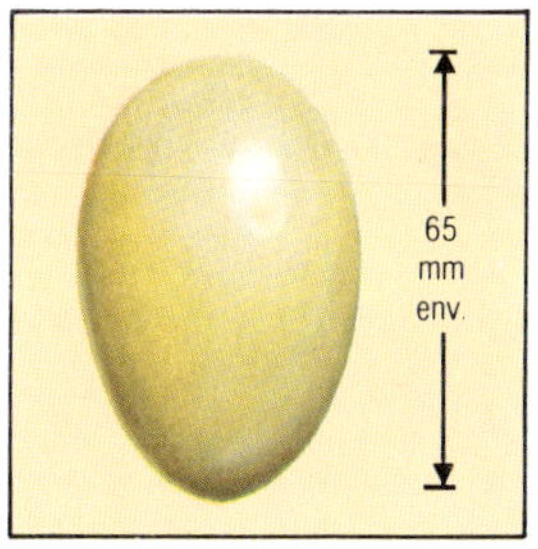

Parade nuptiale du Harle huppé

À gauche: Avant la parade proprement dite, le mâle nage devant la femelle, la tête rentrée dans les épaules et la crête légèrement dressée. ***1.*** *Rituel du salut et de la révérence, principales composantes de la parade* ***2.*** *Pendant le salut, le mâle appelle doucement la femelle* ***3.*** *C'est ensuite la révérence, le mâle plonge le cou dans l'eau.*

Harle piette

Le Harle piette que l'on voyait autrefois en nombre autour des réservoirs est aujourd'hui une espèce faiblement représentée en Europe

A l'exception du lac IJssel, aux Pays-Bas, où l'on a recensé plus de 12 000 oiseaux en hiver, le Harle piette hiverne peu en Europe, alors que l'on a observé des colonies de plus de 1 000 oiseaux autour de la mer Rouge. Cette énorme concentration de Harles piettes au lac IJssel, constatée seulement depuis les années 1960, explique peut-être pourquoi l'espèce est devenue si rare dans les autres régions d'Europe.
Dans les années 1940 et 1950, plusieurs centaines d'oiseaux hivernaient régulièrement en Grande-Bretagne, près des réservoirs de la région londonienne, en particulier, alors qu'il n'y en a plus aujourd'hui qu'un petit nombre, entre Noël et la mi-mars, principalement. Ces dernières années, alors que le lac IJssel était gelé, certains oiseaux ont choisi d'hiverner en France — malheureusement pour eux puisque beaucoup ont été tués.
Le Harle piette s'est relativement bien adapté à ses nouveaux habitats artificiels. En hiver, les colonies, généralement peu nombreuses, se rassemblent autour de gravières, de réservoirs ou de lacs, près des villes. À la saison des nids, elles utilisent volontiers des nichoirs alors qu'elles nichent habituellement dans des trous d'arbres, naturels ou creusés par des Pics noirs. Dans certaines régions d'URSS, la population était auparavant limitée par le manque de lieux de nidification; elle a maintenant augmenté de façon spectaculaire depuis que des nichoirs on été installés et c'est maintenant l'espèce la plus nombreuse parmi les canards à bec en dents de scie. Le Harle piette et le Garrot à l'œil d'or utilisent tous deux des trous d'arbres pour nicher; en cas de lutte pour un emplacement, le premier l'emportera généralement.

Des petits élevés par la mère

À une époque, on ignorait où le Harle piette faisait son nid, jusqu'au jour où l'on a découvert une femelle couvant dans un trou de bouleau, en Finlande. Leurs coutumes sont maintenant beaucoup mieux connues et il est facile de les observer, d'autant plus que le mâle reste avec la femelle jusqu'à ce qu'elle ponde ses dix ou onze œufs et commence à les couver. Il rejoint ensuite les autres mâles pour muer et la femelle élève seule ses petits. Vers la fin de l'incubation, elle quitte rarement ses œufs et il arrive même qu'on puisse la soulever du nid et l'y reposer sans qu'elle bouge.
L'espèce est en danger de disparition du fait de l'importance du ramassage des œufs, dans certaines régions de Finlande, et des chasseurs et des collectionneurs, dans d'autres pays.

Parade et reproduction

La parade du Harle piette est spectaculaire, surtout lorsqu'elle est pratiquée en groupe. Elle se produit généralement dans les lieux d'hivernage, après que les mâles ont rejoint les femelles. L'initiative de la parade est prise soit par l'un soit par l'autre, mais il est courant que celle de l'accouplement revienne à la femelle. Lorsque les mâles font les premiers pas, ils se dirigent brusquement vers la femelle en rejetant la tête en arrière, en dressant la crête, puis en balançant la tête de droite et de gauche. Si la femelle n'agite pas la sienne en signe d'assentiment, le groupe en choisit une autre et recommence son approche.
Lorsque c'est la femelle qui prend l'initiative, elle se soulève en direction du mâle et agite la tête vigoureusement. Ce dernier reste distant jusqu'à ce qu'elle incline profondément la tête devant lui, le corps à nouveau dans l'eau. S'ils s'accouplent, tous deux se font des révérences et s'en vont ensemble.

La migration

Le Harle piette ne migre pas en famille, la femelle et les jeunes partant avant le mâle. Ses habitudes alimentaires sont différentes selon les saisons: dans son aire de nidification et pendant la première partie de la migration, il se nourrit principalement d'insectes. Vers le mois de novembre, lorsque les insectes aquatiques sont plus rares et plus difficiles à attraper, il se met alors à pêcher et se nourrit de carpes, d'éperlans, de gardons et d'anguilles en particulier.
Dans certaines endroits, il montre une préférence très nette pour une espèce particulière de poisson. Ainsi, sur le lac IJssel, il se nourrit principalement d'éperlans, alors que d'autres espèces sont beaucoup plus abondantes. En hiver, il consomme également des végétaux, pour compléter son alimentation.

Ci-dessus: Harle piette femelle. Bien que moins caractéristique que le mâle (encadré), c'est un bel oiseau à tête rousse malheureusement très recherché, en France surtout, pour son plumage.

À droite: *Le Harle piette hiverne sur les eaux continentales et s'est bien adapté aux habitats artificiels tels les gravières et les réservoirs; il utilise également volontiers les nichoirs.*

PARTICULARITÉ

Le spectacle de colonies de Harles piettes pêchant est très divertissant. Les oiseaux plongent généralement tous ensemble et réapparaissent ci et là, l'un après l'autre. Ils se regroupent alors et recommencent.

Description

Le Harle piette (*Mergus albellus*) est le plus petit des canards à bec en dents de scie que l'on voit souvent l'hiver sur les bassins de nos parcs. Le mâle a un plumage blanc et noir.
Identification: Petit canard à bec et crête petits, front plutôt droit. Le mâle est à prédominance blanche, avec un masque noir sur la tête, des V noirs sur les côtés et des lignes noires sur le dos, très visibles en vol. La femelle a le sommet de la tête roux, qui contraste avec ses joues blanches. Longueur: 38-44 cm.
Voix: Sons grinçants ou râles, à la saison des nids.
Nourriture: Se nourrit essentiellement de petits poissons en hiver et au début du printemps, sinon d'insectes aquatiques, de crustacés, grenouilles, vers et végétaux.
Distribution: Petits groupes en Finlande et en Suède.
Population: Nidifie peu en Scandinavie. En légère diminution en Russie, en raison des destructions des habitats. Distribution plus étendue en hiver. La population hivernant au nord-ouest de l'Europe est estimée à plus de 12 000 oiseaux.
Déplacements: Quitte les aires de reproduction à la fin de l'été et traverse la Suède et les États baltes pour hiverner aux Pays-Bas, principalement, mais également en Grande-Bretagne, France, Italie, Grèce et à l'est de la mer Caspienne.
Reproduction: Nidifie au bord des lacs d'eau douce et des rivières, dans de vieux arbres. Niche dans des trous d'arbre, mais également dans des nichoirs généralement destinés aux Garrots à l'œil d'or. La femelle pond 7 à 9 œufs ovales, couleur crème, et les couve 26 à 28 jours. Les jeunes sont couleur noir-de-suie, avec menton et dessous blancs. La femelle s'occupe d'eux, bien qu'ils soient capables de se nourrir seuls.

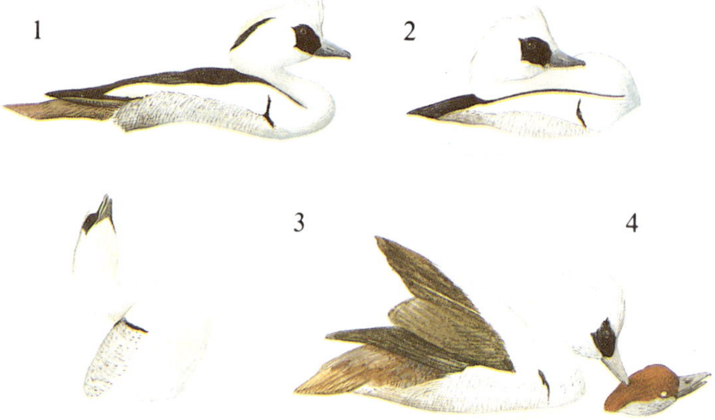

Parade et accouplement du Harle piette
La parade commence par une déclaration d'intention. **1.** *Le mâle dresse les plumes de sa tête.* **2.** *Puis la rejette en arrière et* **3.** *se dresse à 45° en appelant doucement la femelle qui répond par une sorte d'aboiement.* **4.** *Les oiseaux s'accouplent aussitôt après.*

Érismature à tête blanche

La population des Érismatures à tête blanche connaît, à l'heure actuelle, un rapide déclin, en Europe du moins

Lorsque le Conseil de l'Europe publia en 1975 un rapport sur "les oiseaux menacés d'Europe", l'Érismature à tête blanche fut citée parmi les espèces en danger. Dans les années 1940 et 1950, ce canard nidifiait encore dans le sud de l'Espagne, en Yougoslavie, Roumanie, Hongrie, Italie, Albanie, Corse et Sardaigne. En 1975, il avait complètement disparu de certains de ces pays et sa population a été estimée à moins de 30 couples.
Ce déclin se poursuit en Europe, alors que les populations d'URSS et de Mongolie, ainsi que celles d'Afrique du Nord, sont encore florissantes. Les raisons de ce spectaculaire déclin ne sont pas bien connues; toutefois, ce canard affectionnant les étangs peu profonds et bordés de roseaux ainsi que les lacs d'eau douce et saumâtre, on suppose que l'assèchement intensif de telles régions pour les mettre en culture en est en partie responsable.

La reproduction
La période de reproduction de l'Érismature à tête blanche est relativement tardive, la parade nuptiale ne commençant souvent qu'en mai ou juin. L'oiseau bâtit un nid de branchages flottant au milieu de roseaux bordant un étang. Dès que la femelle commence à couver, le mâle la quitte pour muer. Celle-ci est très prudente et abandonne le nid à la moindre alerte. Heureusement, les œufs peuvent rester assez longtemps non couverts; si leur température est normale la dernière semaine, les œufs éclosent tout à fait normalement, sans que la femelle soit là. Cette particularité semble due au fait que l'œuf est beaucoup plus gros que l'embryon.

Ci-dessus: *Érismature à tête blanche femelle nageant près de la rive avec ses trois petits. C'est un spectacle rare en Europe, où les mesures de conservation semblent, pour cette espèce, vouées à l'échec.*

Description

L'Érismature à tête blanche (*Oxyura leucocephala*) est un canard de taille moyenne, à l'aspect plutôt lourd; il a une queue raide, une lourde tête et un gros bec.
Identification: Le mâle a un bec renflé à la base, bleu vif; tête et nuque blanches, avec une sorte de couronne noire. Le reste du plumage est gris-brun, à l'exception du poitrail et de la croupe qui sont roux. La femelle a un bec gris-bleu, la tête et la nuque brunes, des joues blanches barrées de brun sous l'œil et un corps brun, strié. Longueur: 43-48 cm.
Voix: Ronronnement ou miaulement du mâle à la saison des nids. La femelle lance des appels et des cris d'alarme.
Nourriture: Se nourrit la plupart du temps de végétaux.
Distribution: Réduite au sud de l'Espagne, en Europe.
Population: En déclin, en Europe: 30 couples recensés.
Déplacements: Migrateur; quelques individus sédentaires.
Reproduction: 5 à 10 œufs. Un seule couvée.

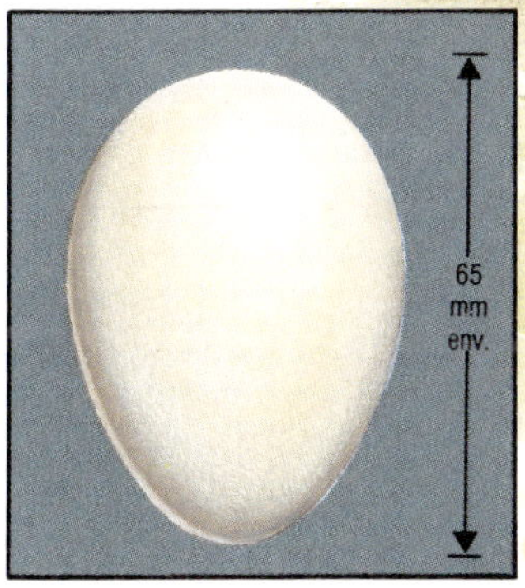

Mouette mélanocéphale

Bien qu'originaire de la mer Noire, la Mouette mélanocéphale a colonisé pratiquement tout le nord de l'Europe

La quasi-totalité de la population habite la côte nord de la mer Noire. Autour de la Méditerranée, on a recensé 600 à 800 couples en Grèce et dans les îles, 15 en Turquie, 100 dans l'estuaire du Pô (sur la côte adriatique, en Italie) et quelques-uns seulement en Camargue. La population italienne est très récente et ne comptait que 25 couples en 1978. En Camargue, aucun cas de nidification n'avait été observé avant 1965.
Depuis 1930, cette espèce nidifie également en Europe centrale, dans la Baltique, dans certaines régions du sud de la mer du Nord et sur les côtes de la Manche. La plupart du temps, on n'a cependant observé que quelques couples mêlés à des colonies de Mouettes rieuses ou de Goélands cendrés. Il est curieux de noter que quelques mâles s'accouplent avec des Mouettes rieuses.
C'est apparemment un manque de femelles adultes qui a provoqué ces tentatives de colonisation, qui, bien que sporadiques, ont tendance à augmenter. Une importante colonie permanente a ainsi pu s'établir en Italie.
La Mouette mélanocéphale nidifie en colonies éparses dans des régions désolées, à végétation généralement peu dense, et se mêle souvent à d'autres espèces de mouettes ou de sternes. On la trouve parfois en compagnie d'échassiers, telle l'Avocette. Bien qu'il ne soit pas facile d'étudier de près le comportement de cet oiseau, il semble que les liens entre les parents et leurs petits soient plus forts qu'on pourrait le penser. Ceux-ci sont très actifs et quittent le nid quelques heures seulement après l'éclosion. À l'heure de la becquée, les parents exécutent une sorte de parade pour les avertir. Le corps à l'horizontale et le cou allongé, ils lancent une série d'appels alternativement longs et courts. Les petits martèlent alors le bec de leurs parents pour réclamer leur nourriture. Lorsqu'ils sont plus âgés, ils se précipitent sur eux en faisant le dos rond et en agitant la tête de bas en haut.

Ci-dessus: Mouette mélanocéphale immature. L'extrémité noire de ses ailes indique que c'est le second hiver de cet oiseau.

Après la saison des nids, la Mouette mélanocéphale rejoint ses lieux d'hivernage situés principalement dans le delta du Nil, au centre de la Méditerranée et à l'est de l'Espagne. Quantité de jeunes traversent le Bosphore pour se diriger vers l'Espagne, le Portugal et le Maroc.
Une population mobile d'au moins plusieurs centaines de Mouettes mélanocéphales, à laquelle se sont ajoutés quelques individus métissés, a définitivement colonisé le nord de l'Europe. On n'a cependant pas pu expliquer pourquoi si peu de femelles nidifient et pourquoi cette espèce si localisée au départ a pu étendre sa distribution.

Description

La Mouette mélanocéphale (*Larus melanocephalus*) est une mouette à gros bec et tête noire, d'allure massive.
Identification: Ailes blanches sur les deux faces; tête et nuque noires, gros bec rouge. Rémiges primaires sombres pour les jeunes. Longueur: 36-38 cm.
Voix: Miaulements et rires du Goéland argenté; cri rauque.
Nourriture: Poissons et mollusques; à la saison des nids, des insectes.
Distribution: De l'URSS, entre la mer Caspienne et la mer d'Azov, à la Camargue, au centre de la Turquie et aux côtes du nord de l'Europe.
Population: Supérieure à 100 000 couples, pour la plupart en URSS.
Déplacements: Migrateur; hiverne le long des côtes de la mer Noire, de la Méditerranée et de l'Atlantique, et du Maroc à la Grande-Bretagne.
Reproduction: 3 œufs crème, verdâtre ou chamois délicatement tachetés, à la mi-mai. Une seule couvée.

Mouette rieuse

La Mouette rieuse, autrefois peu connue à l'intérieur des terres, est devenue, grâce à sa remarquable faculté d'adaptation, la mouette la plus commune d'Europe

En haut: Trio de Mouettes rieuses en vol. Ces oiseaux sont très reconnaissables en été; en hiver, on les reconnaît principalement au bord antérieur de l'aile, qui est blanc.

Ci-dessus: Mâle et femelle s'apprêtant à s'accoupler. L'accouplement a lieu dans les aires de nidification; sa fréquence est relativement élevée avant la ponte du premier œuf.

Possédant de meilleures facultés d'adaptation que les espèces voisines, la Mouette rieuse est aujourd'hui la plus représentée en Europe. Bien qu'elle ne soit pas aussi familière avec l'homme que le Goéland argenté (qui niche sur les toits), on la voit souvent près des terrains de jeux et des réservoirs, et également sur les décharges, dans les jardins et les parcs où elle vient prélever sa nourriture. On la voit aussi dans les champs, après la dispersion des colonies, qui coïncide avec la fin des moissons.

On découvre parfois avec surprise qu'avant le début de ce siècle, elle ne pénétrait que rarement dans les terres, seulement après des tempêtes en mer. Malgré sa familiarité actuelle avec l'homme, elle vit encore en grand nombre dans son habitat traditionnel tels les marais, rivières, estuaires et côtes; ceci montre bien que sa population a fortement augmenté ces cent dernières années.

Des oiseaux grégaires

Les Mouettes rieuses nichent presque toujours en colonie, dans les dunes côtières, sur les îlots salés des estuaires et, à l'intérieur des terres, près des lacs et dans des landes humides. Elles ont également colonisé les gravières, les égouts et les réservoirs artificiels. C'est paradoxalement dans ce type d'habitat créé par l'homme qu'elles sont le mieux protégées de leur pire prédateur, l'homme lui-même. Celui-ci considère encore les œufs de mouette comme un mets délicat et même les plus grosses colonies subissent tous les ans des pertes considérables. D'autres prédateurs naturels comme les renards, les hérissons et les rats prélèvent aussi un grand nombre d'œufs, mais font également des ravages considérables parmi les adultes.

En mars et en avril, les mouettes délaissent les espaces nus pour des régions à végétation plus abondante, où leurs petits pourront se cacher. L'ensemble du processus de reproduction est régi par les lois internes de la colonie, qui concernent le choix du lieu de nidification, le cri d'alarme pour que les oiseaux s'envolent en criant, le début de la parade et, enfin, la ponte des œufs. La vie en colonie facilite la recherche de nourriture et assure une meilleure

PARTICULARITÉ

En dehors de la période de reproduction, les Mouettes rieuses ont l'habitude de se fixer dans une région. Ainsi, on peut être certain qu'un groupe de mouettes observé un matin ou un soir reviendra tout l'hiver au même endroit. Ces oiseaux se transforment en effet en de véritables travailleurs, faisant les mêmes allées et venues quotidiennes pour se nourrir.

sécurité, tous les oiseaux étant en état d'alerte. La riposte de la colonie — le vacarme et l'agitation des mouettes en furie fondant en masse sur l'attaquant — déconcerte à coup sûr le corbeau ou une mouette plus grosse, et peut même les mettre en fuite.
Au sein de la colonie, chaque mâle s'approprie un territoire et prend une attitude agressive dès qu'un autre oiseau s'approche. Il se dresse, prêt à l'action, le cou et la tête bien hauts, les ailes écartées. Le bec tourné vers le sol, il montre son capuchon brun à l'intrus et tourne rapidement la tête pour produire des effets de contraste entre sa tête brune et sa nuque blanche et le déconcerter. La femelle a une attitude territoriale différente: bien qu'effrayée, elle est poussée par son instinct sexuel et continue d'avancer en montrant de l'agressivité, puis elle exprime sa soumission en inclinant la tête. Le choix de l'emplacement du nid semble être la prérogative du mâle; il indiquera celui-ci à la femelle par des mouvements de la tête et du cou simulant un "étranglement" et par de faibles cris.

Ci-dessus: Mouettes rieuses cherchant des vers et des insectes dans la terre retournée par le tracteur.

Un régime alimentaire souple

Comme pour le choix de son habitat, la Mouette rieuse se montre peu difficile en ce qui concerne son régime alimentaire. Dans beaucoup de colonies, il se compose principalement de larves d'insectes et de vers de terre et est agrémenté de déchets pris sur les décharges publiques et de céréales glanées dans les champs; des petits crustacés et des mollusques s'y ajoutent parfois, ainsi que des fruits et des insectes. Au cœur de l'été, elle tournoie dans le ciel et attrape des fourmis pendant leur vol nuptial. On présume que c'est cette faculté de se nourrir de n'importe quoi, dans les airs, qui explique en grande partie l'abondance de cette espèce.

Ci-dessous: Mouette rieuse (à droite) avec son partenaire, une Mouette mélanocéphale. Les colonies de Mouettes rieuses accueillent parfois des Mouettes mélanocéphales; les croisements sont alors fréquents.

Description

La Mouette rieuse (*Larus ridibundus*) est une petite mouette à la silhouette élancée, vivant aussi bien dans les terres que sur le littoral. À la saison des nids, capuchon marron; en hiver, tache noire sur le côté de la tête. Vit en ville l'hiver, dans certaines endroits.
Identification: Capuchon brun en été; bec et pattes minces et rouges; bord antérieur de l'aile blanc, extrémité des rémiges primaires noire et dessous des ailes sombre. Cou et pattes plûtot longs. Longueur: 34-37 cm.
Voix: Variété de cris rauques, haut perchés ou râpeux; notes sourdes et étouffées.
Nourriture: Variété de petites bêtes, insectes et vers en particulier. Picore, pêche à la surface ou en plongeant, et chasse dans les airs. Vole aussi la nourriture d'autres oiseaux ou sur les décharges publiques.
Distribution: Nidifie dans les régions tempérées, en Eurasie, de l'Islande et de l'Europe continentale à l'est de la Sibérie. Absente de la plupart

Ci-dessus: Nid de Mouette: c'est une simple dépression dans le sol, garnie de végétaux secs. La femelle pond généralement trois œufs de couleur différente, allant de la couleur crème, chamois, brun foncé ou même vert au bleu clair, et habituellement tachetés, mouchetés ou marbrés de brun ou de gris.

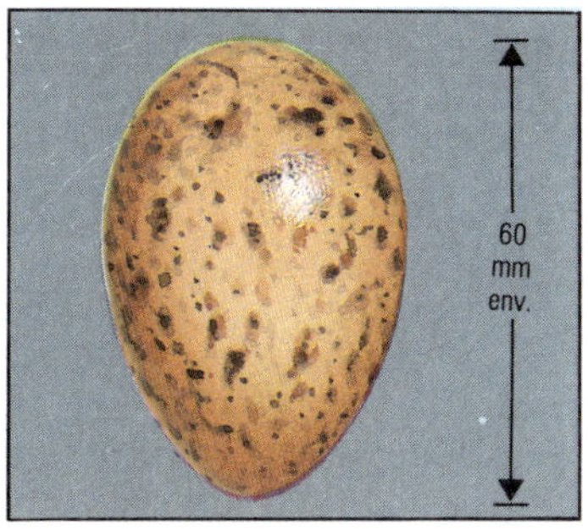

des régions centrales et orientales de la Méditerranée.
Population: Espèce très nombreuse et très commune. En progression au nord-ouest de l'Europe. Plus d'un million de couples en Europe.
Déplacements: En partie sédentaire; migre au sud et à l'ouest de l'Europe, plutôt vers les plaines et le littoral.
Reproduction: Nid composé de divers végétaux; 3 œufs habituellement, de couleur et de taches variables; les petits sont couverts de duvet et sont élevés par les 2 parents; ils volent entre 5 et 6 semaines. Une seule couvée.

Défense du territoire et parade nuptiale

Ci-dessus: **1.** *Le mâle allonge le corps à l'horizontale, dans une attitude agressive.* **2.** *Il fait face à l'intrus, se redresse et s'avance parfois vers lui.* **3.** *Variante utilisée pour courtiser une femelle; si celle-ci ne s'enfuit pas, elle imitera le mâle, en signe de consentement.*

Goéland cendré

Le Goéland cendré est une mouette délicate et opportuniste vivant la plupart du temps à l'intérieur des terres

Le Goéland cendré appartient à la famille des mouettes mais il vit le plus souvent loin de la mer. Son nom varie d'un pays à l'autre. Ainsi, le nombre d'oiseaux de cette espèce hivernant en Grande-Bretagne lui avait fait donner le nom de "Common Gull" (Mouette commune), bien que sa distribution soit en fait assez localisée. En Écosse, comme en Allemagne où on l'appelle "Mouette des tempêtes", on imputait généralement son arrivée dans les champs à une tempête en mer. Cette diversité de nom reflète l'étrangeté de son mode de vie et son penchant à vivre à l'intérieur des terres.

On peut dire que c'est un oiseau d'eau douce plutôt qu'un oiseau marin. 50 000 couples nidifient chaque année en Écosse et l'on a observé des nids sur des saillies rocheuses atteignant 500 m. En Norvège, ces oiseaux construisent fréquemment leurs nids sur des rochers à plus de 1 000 m. Ils nichent également dans les arbres et l'on a même trouvé des colonies dans des pingouinières abandonnées.

En été, il est rare de le voir voler au-dessus de la mer. La nuit seulement, il va dormir sur les bancs de sable ou dans les eaux peu profondes des mares et des estuaires. Le jour, il se contente de scruter la plage à la recherche de crabes, de coquillages ou de poissons.

Sur les côtes où à l'intérieur

La plupart des Goélands cendrés nidifient dans le nord de l'Europe, en Scandinavie, en Écosse et dans le nord de l'Irlande; une colonie peu nombreuse nidifie également dans le sud-est de la Grande-Bretagne. Ils supportent mal le grand froid, mais les climats humide, orageux, frais ou chaud leur conviennent. Contrairement aux autres mouettes, ils se plaisent à la fois sur les côtes et à l'intérieur des terres, aussi bien près que loin de l'eau.

Près des côtes, le Goéland cendré nidifie sur de petites saillies rocheuses, sur des iles ou des pentes caillouteuses, et également sur des rivages caillouteux, dans les dunes et les anses recouvertes par la marée.

A l'intérieur, il construit son nid près d'un lac ou d'un étang, dans l'herbe ou même dans une lande couverte de bruyère. En Norvège et en Suède, il arrive qu'il niche sur des bâtiments.

Ci-dessus: Dans les colonies d'oiseaux, il est habituel qu'un seul se pose en éclaireur, sur le lieu de repos, avant que les autres ne suivent.

Ci-dessous: Goéland cendré nourrissant son petit. Les premiers jours, le mâle et la femelle nourrissent et s'occupent de leurs petits.

Description

Le Goéland cendré (*Larus canus*) est une mouette de taille moyenne, possédant de bonnes capacités d'adaptation. Ressemble à un petit Goéland argenté, avec un bec plus délicat et une tête plus ronde.

Identification: Blanc, à dos et ailes gris; extrémité des ailes noire, avec taches blanches. Bec fin, jaune vert, pattes verdâtres. Corps mince. Se déplace la tête haute, le torse bombé. Longueur: 40-42 cm.

Voix: Cris aigus et miaulements semblables à ceux du Goéland argenté; trilles et autres sons graves ou chantants.

Nourriture: Vers, insectes, petits crustacés, poissons et mollusques; amphibiens, œufs d'oiseaux, oisillons et petits rongeurs parfois. Baies et graines, également. Picore, pêche en piqué ou en plongeant, ou chasse dans les airs.

Distribution: En Irlande et en Eurasie, de la Grande-Bretagne à l'est de la Sibérie et au nord-ouest de l'Amérique; des bords de la toundra jusqu'au 50e degré de latitude

La reproduction
Le Goéland cendré est habituellement monogame et les partenaires restent ensemble plusieurs années. Le mâle s'accouple parfois avec deux femelles, toutes deux pondent alors dans le même nid et le territoire est défendu par les trois oiseaux. Le couple établi arrive ensemble à l'aire de nidification de la colonie — généralement celle où tous deux sont nés — et s'approprie un territoire relativement grand. Bien qu'il n'en utilise qu'une petite part pendant l'incubation, le couple le défend âprement.
Les conflits territoriaux sont courants au début de la formation de la colonie; la plupart surgissent tôt le matin ou tard dans l'après-midi. La femelle est alors peu sûre d'elle-même, mais le mâle n'hésite pas à se battre pour faire fuir l'intrus qui a ignoré ses menaces. Les deux oiseaux commencent par se donner des coups de bec puis se battent au corps à corps. L'un des deux saisit l'adversaire par l'aile ou le bec et essaie de la battre avec son aile. Ces batailles ne durent jamais longtemps; les autres oiseaux de la colonie s'assemblent pour les regarder mais n'interviennent jamais.
Beaucoup de Goélands cendrés ne quittent leur aire de nidification pour des landes plus au sud ou des fermes près du littoral que lorsque l'hiver s'installe.
Ce sont des oiseaux très opportunistes que l'on voit souvent, l'hiver, dans nos pays d'Europe, chercher des vers de terre et des insectes dans les champs fraîchement retournés. Ils mangent également les grains d'orge qui viennent d'être semés.
Lorsque le temps se refroidit vraiment et que le gel durcit la terre, ils rejoignent les villes côtières pour trouver leur nourriture. Contrairement aux Mouettes rieuses, ils ne cherchent pas leur nourriture directement auprès des hommes, mais s'installent sur les décharges publiques et près des marchés aux poissons, où l'on vide ceux-ci.

nord, environ.
Déplacements: Migrateur dans la presque totalité de la distribution, à l'exception du nord-ouest de l'Europe. Hiverne sur le pourtour de la Baltique et de la mer du Nord, sur la Caspienne et en Irak, du détroit de Béring au sud de la Chine et à la Californie.
Reproduction: En colonie dispersée et souvent peu nombreuse, parfois mélangée à d'autres mouettes. 3 œufs, généralement, de 1 à 4 plus rarement. Les deux parents couvent les œufs 24 à 27 jours et élèvent les petits; ceux-ci volent à 4 ou 5 semaines. Une seule couvée.

Sterne hansel

La Sterne hansel est un excellent voilier qui doit sa survie à ses capacités d'adaptation, tant sur le plan des habitudes alimentaires que sur celui de la reproduction

Dans la classification des espèces, les Sternes appartiennent à la famille des mouettes et se composent de plusieurs groupes, dont les Hirondelles de mer et les Sternes des marais. Leurs longues ailes minces, leur longue queue fourchue et leur bec mince et pointu leur confèrent rapidité, souplesse de manœuvre et précision. Ces qualités font d'elles d'excellents chasseurs, dans les airs comme dans l'eau.

Les Hirondelles de mer se nourrissent de poissons et de crevettes qu'elles attrapent en plongeant dans les eaux côtières, principalement. Les Sternes des marais se nourrissent d'insectes qu'elles happent à la surface des eaux continentales.

Contrairement aux oiseaux de ces deux groupes, la Sterne hansel trouve sa nourriture dans le sol. Cet exemple montre comment, à l'intérieur d'une même famille, une espèce a pu modifier ses habitudes alimentaires et se soustraire à une impitoyable lutte pour la vie.

Cette capacité à se nourrir dans le sol n'est peut-être pas si éloignée du comportement typique de cette famille qu'on pourrait le penser. Beaucoup de sternes nagent mal, n'aiment ni plonger ni même se poser sur l'eau et trouvent généralement leur nourriture à la surface de l'eau sans se mouiller les pattes, grâce à des manœuvres extrêmement délicates.

Cette technique ressemble fort à celle qu'utilise la Sterne hansel lorsqu'elle plane bas au-dessus du sol pour happer des sauterelles, des lézards et même des souris. Son agilité dans l'air lui permet également d'attraper des insectes — tellement insaisissables — tout en volant.

Des habitudes alimentaires bien adaptées

À y regarder de plus près, le corps de la Sterne hansel est parfaitement adapté à ses habitudes alimentaires. Ses longues ailes et sa queue plutôt courte et peu fourchue lui permettent de voler rapidement, non de changer brusquement de direction. Grâce à ses longues pattes et à son corps bien droit, elle peut aussi bien se poser et courir sur le sol qu'effectuer un vol rapide en piqué pour attraper sa proie. Avec son bec court et trapu, elle chasse plus facilement à la surface du sol que sur l'eau.

Sa morphologie ne la condamne cependant pas à chasser des insectes dans l'air, des libellules sur l'eau ou des papillons dans la campagne. Elle est aussi capable de planer à la surface de l'eau, de

À gauche: La Sterne, nichant à même le sol, est une proie facile pour les prédateurs; en se mêlant à d'autres espèces comme la Mouette rieuse ou l'Hirondelle de mer, elle bénéficie d'une appréciable protection.

Ci-dessus: Le vol de la Sterne hansel ressemble à celui de la mouette plus qu'à celui des autres sternes. Avec sa queue plutôt courte et peu fourchue, elle vole vite mais change plus difficilement de direction.

se laisser porter par le vent, la queue déployée, et de piquer pour saisir des objets sur l'eau. Il est plus rare de la voir amerrir ou plonger à demi pour pêcher de petits poissons.

Un oiseau grégaire

Vivant à l'intérieur des terres, la Sterne hansel dispose de plus d'espace pour nidifier que les autres sternes, qui doivent s'agglutiner sur le littoral. Ses sources de nourriture sont généralement plus dispersées. Lorsque la nourriture est abondante, elle nidifie en colonie de plusieurs centaines de couples; lorsqu'elle est plus rare, elle doit nomadiser dans un périmètre plus grand de sorte qu'elle nidifie en plus petit groupe et de façon plus dispersée.

Lorsqu'elle est ainsi en petit groupe, elle est une proie plus facile pour les prédateurs; c'est sans doute pour cette raison qu'en période de reproduction, elle se joint à de grosses colonies d'autres espèces. Sur le littoral, elle se joint à des colonies d'Hirondelles de mer et dans les terres, à des Mouettes rieuses, qui nichent dans des endroits plus secs et découverts.

Les Hirondelles de mer et les Mouettes rieuses construisent leur nid très près les uns des autres, à une dizaine de centimètres parfois. Tout oiseau ou mammifère prédateur est accueilli par la totalité des nicheurs et, quelquefois, par de violents coups de bec de la part des Hirondelles de mer. En se mêlant à de telles colonies, la Sterne hansel bénéficie de leur protection et d'une plus grande liberté au moment d'aller chercher sa nourriture; elle accroît ainsi les chances de survie de ses petits et, à plus long terme, celles de l'espèce.

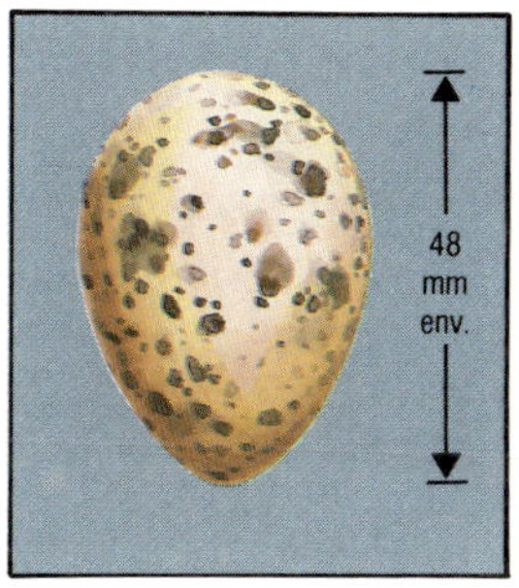

Description

La Sterne hansel (*Gelochelidon nilotica*) a de longues pattes, un corps mince et un bec gros et court; elle se nourrit essentiellement dans le sol.

Identification: Sterne blanche à capuchon noir; court bec noir, pattes noires. Vol régulier, semblable à celui d'une mouette. Marche et court. Longueur: 38 cm.

Voix: Cris graves et nasaux; notes rieuses.

Nourriture: Petites bêtes: insectes, crustacés, amphibiens, lézards, rongeurs et oisillons.

Distribution: Dispersée et discontinue. Nidifie au sud de l'Europe et sur son littoral, en Turquie, sur le pourtour de la Caspienne et jusqu'à l'Australie. Sur le continent américain, également, entre l'équateur et le 40e degré de latitude nord.

Population: A diminué en raison de la disparition de lieux de nidification, à l'intérieur des terres.

Déplacements: Les oiseaux d'Europe hivernent en Afrique.

Reproduction: Niche en colonie, avec des mouettes ou d'autres espèces de sterne. La femelle pond 3 œufs, généralement. Le couple couve les œufs 22 à 23 jours et s'occupe des petits; ceux-ci volent à 5 semaines. Une seule couvée.

Guifette moustac

Ci-dessus: La Guifette moustac bâtit son nid sur l'eau, douce ou saumâtre. Les deux parents couvent deux ou trois œufs, généralement et s'occupent de leurs petits 20 jours, jusqu'à ce qu'ils sachent voler.

Chassée de son habitat naturel par les travaux de drainage, la Guifette moustac a su s'adapter et habite maintenant les rizières

La Guifette moustac est une sterne des marais d'ossature légère, au plumage gris foncé; elle doit son nom à ses plumes noires juste au-dessus du bec. Sa distribution s'étend du sud de l'Europe et de la Méditerranée à la Chine, l'Inde et l'Australasie. En Europe, c'est un oiseau migrateur qui hiverne jusqu'en Afrique centrale et en Inde, alors que dans les régions orientales de sa distribution, il est essentiellement sédentaire. Les rizières constituent à l'heure actuelle son habitat le plus courant.

Un nid flottant

Avant que la culture du riz ne se développe, les marais peu profonds, à végétation abondante, étaient son habitat naturel. Les seules aires de nidification de ce type qui restent aujourd'hui en Europe orientale sont situées sur les bords de la mer Noire.

Le nid de la Guifette moustac est le plus sommaire de tout le groupe des sternes des marais; l'oiseau se contente d'arrêter quelques roseaux ou joncs flottants et de les coincer entre les tiges de quelques plantes aquatiques. Il n'a besoin que d'un plan d'eau calme et peu profond, d'une végétation assez dense pour y installer son nid flottant et d'insectes qu'il attrape en plongeant, alors qu'il survole l'eau.

Un oiseau qui s'adapte bien

Lorsque l'homme se mit à modifier son environnement pour accroître sa production alimentaire, il commença par assécher quantité de marais, en Europe. La perte de cet habitat naturel fut cependant compensé par le développement des rizières.

Aussi loin que l'on puisse remonter, il semble que l'histoire de la Guifette moustac ne soit qu'une succession d'errances. Seuls quelques marais protégés, comme ceux du delta du Danube, abritent encore cette espèce dans son habitat naturel.

Description

La Guifette moustac (*Chlidonias hybridus*) ressemble à une hirondelle de mer, bien que son mode de vie soit celui d'une sterne des marais.

Identification: Ressemble à une hirondelle de mer, excepté ses joues blanches et le dessous de son corps noirâtre. Longueur: 24 cm.

Voix: Notes simples ou doubles, rauques, râpeuses ou stridentes.

Nourriture: Insectes essentiellement; également crustacés, têtards et petits poissons; survole généralement l'eau pour pêcher; picore parfois.

Distribution: Étendue, du sud de l'Europe et de la Méditerranée à la Chine, l'Inde et l'Australie.

Population: Nombreuse, bien qu'exigeant des régions marécageuses ou des rizières pour vivre. A niché sporadiquement aux Pays-Bas et en Belgique.

Reproduction: Nid rudimentaire, flottant. Normalement 3 œufs bleu-vert, avec des taches marron-noir et vert pâle. Une seule couvée.

Guifette leucoptère

La Guifette leucoptère est une sterne agile et adaptable que l'on peut voir plonger à la recherche d'insectes

La Guifette leucoptère est sans conteste la plus élégante des sternes des marais. Cette espèce, d'origine plus spécialement asiatique, a pratiquement abandonné ses aires de nidification d'Europe, à l'exception de celles d'URSS, et ne nidifie plus que sporadiquement en Autriche, Allemagne, France, Corse et Belgique. Sa distribution normale comprend les États baltes, la Tchécoslovaquie et la Pologne et a commencé à s'étendre, ces dernières années, à l'est de l'Europe en particulier.
En dehors de l'Europe, il existe des colonies éparses en Asie centrale et en Extrême-Orient, à l'exception du centre de la Sibérie. Il y a donc une population occidentale, hivernant en Inde occidentale, au Sri Lanka et au sud du Sahara, et une population orientale hivernant dans le Sud-Est asiatique et en Australie.
Comme ses cousins, la Sterne hansel et la Guifette moustac, la Guifette leucoptère niche dans les marais, les lacs entourés de roseaux ou les prairies humides. Les aires de nidification de ces trois espèces se chevauchent, bien que la Guifette leucoptère préfère les lieux légèrement plus secs. Dans le sud de l'Afrique, on peut observer de nombreuses Guifettes leucoptères sur la plupart des lacs, rivières et réservoirs. Elles y arrivent en juillet et ne repartent qu'en avril, quelques-unes même en mai. Etant donné la longueur de ce séjour et leur grand nombre, on peut se demander si ces oiseaux ne nidifient pas dans leurs quartiers d'hiver.

La chasse

Dans leur quartiers d'hiver, les Guifettes leucoptères forment généralement de petites colonies. Cependant, on a déjà observé des colonies de 2 000 oiseaux. Elles se nourrissent de toute une variété d'insectes, dont des espèces aquatiques, et de petits poissons. Elles chassent en colonie en volant à contre-vent, happant les insectes au passage, reviennent en arrière, puis repartent à nouveau à contre-vent. Elles utilisent la même technique au-dessus des prairies, attrapant des papillons, des chenilles et d'autres insectes.
La Guifette leucoptère nidifie également en colonie et construit son nid sur un petit amas de roseaux et de plantes aquatiques. Lorsque les petits savent voler, elle part vers le sud. Beaucoup d'oiseaux de cette espèce survolent l'Égypte, au mois d'août.

Ci-dessus: La Guifette leucoptère préfère chasser en groupe. Elle saisit au vol des insectes ou même des petits poissons au-dessus de l'eau et des proies plus insaisissables comme des papillons, au-dessus des prairies.

Description

La Guifette leucoptère (*Chlidonias leucopterus*) a un mode de vie semblable à celui de la Guifette noire. Leurs aires de nidification se chevauchent, bien que la Guifette leucoptère soit sans doute plus erratique et qu'elle préfère les régions plus sèches.
Identification: Noire en été, avec les ailes, la croupe et les plumes de queue blanches; dessous des ailes noir, sur le bord antérieur. Bec noir rougeâtre et pattes rouges. En hiver, dessus et dessous de la tête blancs, avec des marbrures sombres sur le sommet. Battements d'ailes moins amples et vol plus lent que chez la Guifette noire. Longueur: 24 cm.
Voix: Cris rauques.
Nourriture: Insectes, invertébrés et petits poissons.
Distribution: A l'est de l'Europe et dans les régions des steppes, à l'est de la Chine. Nidifie également dans le sud-est de l'Europe, jusqu'à la Turquie et à l'Irak.
Population: Nidifie dans des marais plus profonds et plus boueux que ceux de la Guifette noire.
Déplacements: Migrateur; hiverne en Afrique, dans le Sud-Est asiatique et en Australie. Vagabonde dans la plupart des pays d'Europe occidentale, en général au printemps ou au début de l'été.
Reproduction: Niche en colonie, parfois avec la Guifette noire, sur des végétaux flottants. La femelle pond généralement 3 œufs, fin mai. Le couple couve les œufs et élève les petits, qui sont couverts de duvet. Une seule couvée.

Ci-dessus: Les Guifettes noires sont des oiseaux très sociables qui s'assemblent souvent en petites colonies, avant et après la migration. L'eau leur est indispensable car elles se nourrissent essentiellement d'insectes aquatiques.

Guifette noire

La Guifette noire, comme beaucoup d'autres oiseaux, souffre de la modernisation de l'agriculture et de la destruction de son habitat naturel

La Guifette noire est l'un des oiseaux les plus séduisants qu'il soit donné de voir dans les marais et les plaines marécageuses d'Europe, en été. Elle est cependant sévèrement menacée par l'assèchement de ces régions. Cette menace ne cessera que si l'on conserve celles qui restent, car seule la combinaison d'eau stagnante et de végétation abondante permet à ces oiseaux de trouver abri et nourriture.

La Guifette noire est un oiseau sociable qui constitue des colonies de centaines et parfois de milliers d'oiseaux. Avant de s'envoler vers ses aires de nidification, elle remplace son plumage noirâtre d'hiver par une belle livrée blanche, grise et noire.

Comme ses cousins, la Guifette leucoptère et la Guifette moustac, elle niche en colonie: tous les oiseaux d'une même colonie arrivent à quelques jours d'intervalle de leurs quartiers d'hiver d'Afrique occidentale. Elle ne nidifie pas au Royaume-Uni, mais on peut la voir traverser le sud du pays dans la seconde semaine de mai, lorsqu'elle rejoint ses aires de nidification, au Danemark et aux Pays-Bas. Peu de temps après son arrivée commence le vol nuptial: les oiseaux, assemblés en colonie peu nombreuse, volent et crient ensemble en tournoyant dans le ciel avant de se séparer en groupes de deux ou trois oiseaux et de descendre en vol plané.

La nidification

La parade nuptiale a lieu autour du nid flottant, où la femelle passe la plus grande partie de son temps. Après l'accouplement, celle-ci pond normalement deux ou trois œufs presque ovales, fauve tacheté de brun et de noir. Les deux partenaires les couvent pendant deux à trois semaines, en se relayant toutes les 20 ou 30 minutes. Il est fréquent que le mâle nourrisse la femelle et lorsque celle-ci vient le relayer, ils exécutent une sorte de cérémonie d'accueil, en allongeant le cou et en pointant le bec vers le ciel. La proximité des nids, à l'intérieur de la colonie, permet de protéger les œufs et les jeunes des prédateurs. Pour se défendre, les oiseaux s'envolent avec frénésie, tous ensemble, et tournoient dans le ciel en poussant des cris aigus ou nasillards. Les Guifettes noires et les autres espèces nichant à proximité fondent alors sur les prédateurs volant plus bas et sur les mammifères terrestres.

Le régime alimentaire

Les Guifettes noires choisissent des eaux stagnantes peu profondes et riches en insectes et en larves pour nicher. Les œufs éclosent au moment où la nourriture est la plus abondante; l'éclosion est ainsi plus tardive dans les colonies nichant autour de la Baltique que dans celles nichant plus au sud.

La Guifette noire chasse en groupe et à la surface de l'eau, la plupart du temps. Les adultes se nourrissent de mollusques, de têtards et même de grenouilles, et plus généralement des divers insectes aquatiques que l'on trouve à la surface de l'eau.

PARTICULARITÉ

La Guifette noire vole gracieusement et sans effort à un mètre environ de la surface de l'eau avant de descendre en plané ou de piquer en direction de sa proie, qu'elle attrape délicatement sans se poser véritablement sur l'eau.

Description

La Guifette noire (*Chlidonias niger*) vit sur les marécages inondés et les étangs, où on la voit souvent perchée sur des végétaux flottants. En Europe, c'est un visiteur d'été.
Identification: Petit oiseau au corps massif, aux ailes longues et larges et à la queue courte et fourchue. Tête et dessous du corps noirs, dessus gris anthracite; dessous des ailes pâle et dessous de la queue blanc. En hiver, tache blanche en-dessous de la plaque dorsale sombre; collier et front pâles. Bec mince et noir. Pattes courtes et brun rougeâtre. Vol léger caractéristique, en piqué. Longueur: 24 cm.
Voix: Variété de cris: brefs et rauques; cri d'alarme strident.
Nourriture: Essentiellement des insectes; invertébrés, vers, petits poissons, têtards et grenouilles, également.
Distribution: Dans toute l'Europe, des steppes de l'Asie jusqu'en Mongolie. Au centre de l'Amérique du Nord, également.
Population: Disséminée et difficile à estimer. A graduellement diminué en Europe et en Amérique en raison de l'assèchement de ses aires de nidification naturelles.
Déplacements: Migrateur; longe les côtes pour rejoindre l'Afrique. Revient en Europe entre avril et début juin.
Reproduction: Niche sur des amas de végétaux flottants sur des étendues d'eau peu profonde, dans de hautes herbes ou les roseaux. La femelle pond en mai 2 à 4 œufs dans un nid garni et les couve presque seule 14 à 17 jours. Les petits ont un duvet chamois tacheté de noir et sont élevés par le couple; ils volent à 4 semaines, environ. Une seule couvée.

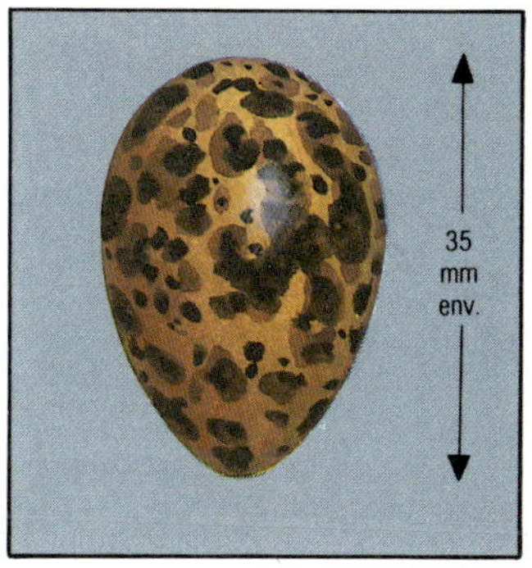

Ci-dessous: La Guifette noire niche sur des radeaux d'herbe et de roseaux flottants. La parade nuptiale se déroule autour du nid.

PLONGEONS ET GRÈBES

Plongeon catmarin

Le Plongeon catmarin est un bel oiseau robuste qui est l'un des seuls à pouvoir nicher dans les toundras marécageuses du Grand Nord, au moment où le bref dégel donne vie aux régions arctiques

Le Plongeon catmarin est l'un des seuls oiseaux pouvant nicher dans une région aussi désolée que le comptoir d'Alert, dans les Territoires du nord-ouest du Canada, sur la côte nord de l'île d'Ellesmere, à 500 km du pôle.
Il se nourrit presque uniquement de poissons, qui viennent rarement des petits étangs ou lacs où il niche. Les partenaires vont tour à tour pêcher dans un grand lac, une rivière ou la mer — qui ne sont jamais très loin — et rapportent à leurs petits le fruit de leur pêche. Après la saison des nids, les Plongeons descendent les eaux libres de gel vers le sud et hivernent sur les eaux côtières ou sur de grands lacs, passant généralement aussi peu de temps que possible sur la terre ferme.

Des conditions de vie difficiles
Le Plongeon catmarin a un mode de vie adapté à son habitat hostile et n'est normalement pas menacé — à condition que les plans d'eau où il pêche ne soient pas trop pollués et que l'homme ne chasse pas, par sa présence, les parents du nid, laissant ainsi les petits sans défense. Des os fossiles retrouvés dans la région, appartenant, on le pense, à des oiseaux proches du Plongeon catmarin, indiquent qu'il s'agit d'une espèce robuste.
Le Plongeon catmarin nidifie dans une grande partie de l'hémisphère nord, là où les températures de juillet se situent entre 0° et 18 °C, et de préférence dans les toundras humides et les landes parsemées de petits lacs. Une étude réalisée en 1976 dans les îles Shetland, où l'espèce est abondante, a montré que chaque petit lac n'abrite généralement qu'un seul couple, les plus grands pouvant accueillir deux ou même trois couples.

Une parade élaborée
Les couples de Plongeons catmarins se séparent à la fin de la saison des nids, mais se reconstituent généralement chaque

À droite: Le Plongeon catmarin niche volontiers sur un amas de végétaux, sur la rive d'un étang ou d'un petit lac. Il est souvent difficile de l'observer à distance, le nid étant la plupart du temps situé légèrement plus bas que la lande environnante.

Description

Le Plongeon catmarin (*Gavia stellata*) est un petit plongeon au corps allongé et au bec en forme de poignard; il a de petites ailes légèrement incurvées et une queue très courte.
Identification: Dos uni, tête et cou gris en été; bande rousse sur la gorge, fines rayures noires et blanches sur la nuque. Bec pointé vers le haut. En hiver, avant du cou et face pâles. Longueur: 53-69 cm.
Voix: Cris plaintifs: miaulements, plaintes sourdes, caquettements en vol, aboiements rauques, cris gutturaux.
Nourriture: Poissons qu'il attrape en plongeant.
Distribution: Nidifie sur le pourtour de l'Océan arctique, sur des îles ou sur le littoral; en Europe, jusqu'au sud de la Suède, à l'ouest de l'Écosse et au nord de l'Irlande.
Population: En progression dans les îles Britanniques, mais en déclin en Norvège en raison des perturbations causées par les hommes.
Déplacements: Migre vers les côtes et les lagunes.
Reproduction: Niche en couple épars; le nid est un simple amas de végétaux, sur un rivage dénudé. La femelle pond 2 œufs ou parfois un seul, de mai à début septembre. Incubation: 24 à 29 jours. Les jeunes se nourrissent seuls au bout de 4 semaines et volent à 6 semaines.

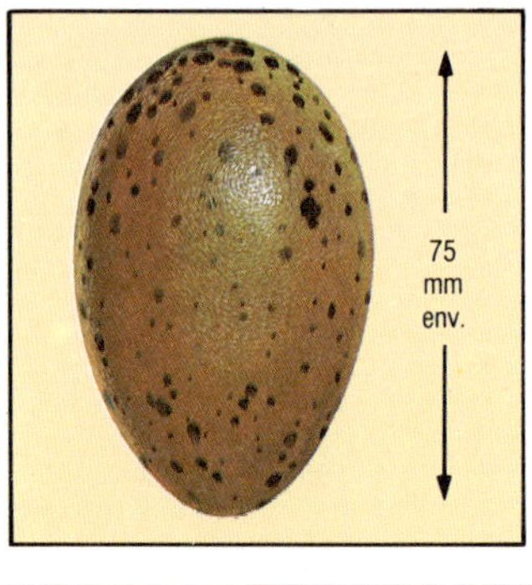

Ci-dessus: La cérémonie du serpent: nageant côte à côte, le couple de Plongeons catmarins allonge la tête et le cou, en poussant en chœur de longs cris. Il arrive qu'ils fassent brusquement demi-tour, le second prenant alors la tête. On pense que cette parade est à la fois le signe d'une excitation sexuelle et celui d'une agression.

printemps sur les mêmes eaux. Leurs parades nuptiales, créant ou recréant les liens entre les partenaires, sont compliquées. C'est la plupart du temps une cérémonie fébrile où l'on voit deux, trois ou même quatre oiseaux faire la course sur l'eau, l'arrière du corps immergé, puis faire brusquement demi-tour et repartir dans la direction opposée. Ils tendent alors la tête et le cou vers le ciel ou devant eux, ou presque à l'horizontale. Il arrive aussi qu'ils courbent la tête et le cou, le bec pointé vers le sol. Ils ont généralement les ailes près du corps ou coudées et tombantes. Le couple établi, et parfois ses petits, utilise également ce type de parade pour éloigner un intrus ou un couple rival. Si l'intrus tente de se joindre à celle-ci, il est invariablement attaqué.

Après l'accouplement, les oiseaux se livrent à une curieuse parade, appelée "cérémonie du serpent". Courbant le cou, le bec grand ouvert, les partenaires nagent l'un derrière l'autre, effleurant légèrement la surface de l'eau. Ils font parfois demi-tour, le premier se retrouvant derrière. Ce type de parade est probablement le signe d'une excitation sexuelle intense ou d'une agression. Ils poussent en même temps des cris puissants et discordants, ressemblant à ceux des oies. Le même genre de cris est utilisé par un groupe d'oiseaux pour chasser un intrus.

Lorsque l'un des partenaires part pêcher ou qu'il en revient, il émet souvent des sons profonds et gutturaux, comme des cancanements — il les utilise également au nid, comme cri d'alarme. Ce cri, répété à intervalle régulier, rappelle celui de la Perdrix rouge. À la saison des nids, mais parfois en hiver aussi, ils émettent de longues plaintes étranges.

Ci-dessus: Plongeon catmarin se hissant péniblement sur son nid. Ses pattes vigoureuses, situées très en arrière du corps, et ses doigts lobés font de lui un excellent nageur mais ne lui facilitent pas la marche sur la terre ferme.

La nidification

Le nid du Plongeon catmarin n'est souvent qu'une faible dépression dans le sol ou un coin d'herbe aplatie sur la berge, qu'il garnit de quelques végétaux moelleux. Certains oiseaux bâtissent leur nid au bord de l'eau, comme les grèbes, ou sur l'eau, lorsqu'elle est peu profonde, à plusieurs mètres du bord. Il préfère généralement les berges basses et boueuses, recouvertes d'herbes humides, et évitent celles qui sont caillouteuses ou sableuses.

Les nids pâtissent des variations de niveau d'eau, les crues comme la sécheresse pouvant être désastreuses. S'il est trop bas, l'oiseau qui s'est posé sur l'eau doit se hisser sur le sol sec jusqu'à son nid, ce qui est non seulement difficile pour l'adulte mais aussi dangereux, pour les jeunes en particulier, qui sont à la merci des prédateurs. Parmi les quelques autres espèces d'oiseaux habitant cette région, on trouve des labbes et des grandes mouettes, qui attaquent impitoyablement, avec quelques prédateurs, les œufs et les jeunes. C'est pourquoi toute activité humaine, forçant l'adulte à abandonner le nid, met les petits en danger, surtout sur la terre ferme. Le Plongeon catmarin a, malgré tout, une espérance de vie de 20 ans ou même davantage, et nidifie chaque année, ce qui permet à la population de se maintenir.

Plongeon arctique

Le Plongeon arctique est un chasseur rusé fréquentant les lacs et les rivages maritimes de l'hémisphère Nord; il se nourrit essentiellement de poissons

Le Plongeon arctique garde le même partenaire sa vie durant; beaucoup de couples migrent et hivernent ensemble. De retour sur les lacs et les étangs profonds du nord de l'Europe et de l'URSS, ils se dépêchent de construire leur nid et de pondre.

Nidification et habitudes alimentaires
Contrairement à leurs petits cousins les Plongeons catmarins, qui nichent sur de petits lacs, au milieu des landes et vont pêcher à l'extérieur de leur lieu de nidification, les Plongeons arctiques vivent sur de grands territoires qu'ils utilisent à la fois pour la pêche et la nidification. Lorsque le poisson, qui constitue l'essentiel de leur nourriture, est abondant, ils divisent parfois un grand lac en plusieurs territoires. Là où il est moins abondant, il ne nichera généralement qu'un seul couple. Cette différence de mode de vie permet aux deux espèces de cohabiter harmonieusement dans une même région.
Le nid du Plongeon arctique n'est qu'un simple creux ou un amas de végétaux près de l'eau, généralement sur un ilot. L'oiseau choisit pour son nid un endroit bien dégagé pour se protéger des prédateurs comme les renards. Certaines couples quittent leur nid lorsqu'ils sont dérangés par l'homme, mais c'est en été que les œufs courent le plus grand danger, car les inondations risquent de mouiller les nids.
Les petits sont recouverts d'un duvet gris court et épais, brunâtre sur le dos. Ils nagent très vite et sont nourris par le couple. À neuf semaines, environ, ils sont capables de plonger et sont prêts à s'envoler vers les rivages maritimes où ils hivernent.

Plongeon arctique couvant. De son nid, simple amas de végétaux flottant sur l'eau, il peut guetter l'arrivée d'un prédateur. On remarque sa belle livrée d'été blanche, noire et grise.

Plongeon imbrin

Ci-dessous: Plongeon imbrin en livrée d'été, sur son nid.

Le Plongeon imbrin, au corps parfaitement adapté à la pêche sous-marine, est aujourd'hui menacé par les hydrocarbures

Le Plongeon imbrin passe la plus grande partie de son temps sur l'eau; son corps fuselé comme une torpille fait de lui un excellent plongeur: ses pattes, très en arrière du corps, lui servent d'hélice et de gouvernail et lui permettent de se propulser dans l'eau pour y pêcher.
À terre, il est par contre maladroit et doit se traîner pour construire son nid sur un ilot ou une péninsule. Du fait de sa morphologie et de sa taille, il est obligé de courir longtemps à la surface de l'eau pour acquérir la vitesse nécessaire à son envol — c'est pourquoi les hydrocarbures répandus sur l'eau ont eu ces dernières années des effets désastreux sur la vie de l'espèce.

Un oiseau difficile à observer
Le Plongeon imbrin a peur de l'homme et, comme il occupe un grand territoire, il est difficile à observer et à recenser, surtout s'il plonge à son approche. Aux endroits où la population est peu abondante, les oiseaux sont en outre souvent silencieux car ils ne poussent leurs cris plaintifs qu'en réponse à ceux de couples nichant à proximité. En Europe, on a récemment pu observer quelques couples sur les lacs d'Écosse.
La femelle ne pond généralement que deux œufs mouchetés, longs, ovales, brun foncé à vert olive, qu'elle couve alternativement avec le mâle. Les petits sont capables de plonger deux jours après l'éclosion et peuvent quitter le lieu de nidification à 11 ou 12 semaines. Certains restent avec leurs parents pendant la migration d'automne.

Description

Le Plongeon arctique (*Gavia arctica*) est un plongeon de taille moyenne vivant sur les lacs et les eaux froides des forêts du nord de l'Europe et de l'URSS.
Identification: Tête grise, devant du cou noir avec de fines rayures sur les côtés et taches noires et blanches sur le dos, à la saison des nids. Longueur: 58-73 cm.
Voix: Plaintes, aboiements brefs et sifflements graves.
Nourriture: Poissons qu'il attrape en plongeant dans l'eau, où il reste parfois jusqu'à deux minutes. Insectes aquatiques, crustacés, mollusques et grenouilles.
Distribution: Hémisphère Nord, des régions arctiques jusqu'au nord-ouest de l'Écosse; en Europe, jusqu'à la Baltique et la Sibérie. Également en Amérique du Nord, où il est sédentaire.
Population: 2 000 couples environ, en Europe.
Déplacements: Les oiseaux d'Europe hivernent sur les eaux côtières de la Norvège à l'Espagne, à la Méditerranée orientale et à la mer Noire. Certains hivernent sur de grandes étendues d'eau continentales.
Reproduction: Le nid est un amas de végétaux flottant au bord de l'eau ou sur un îlot. La femelle pond généralement 2 œufs bruns à petites taches noires, de mai à la mi-juin.

Les Plongeons arctiques défendent leur territoire en se propulsant sur l'eau, avec force battements d'ailes.

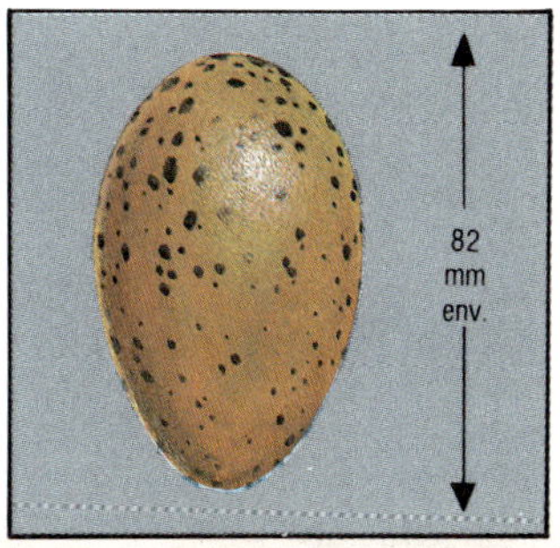

À droite: Sur leur territoire, les Plongeons imbrins ont un comportement agressif; ils chassent les autres oiseaux par des cris menaçants et défient les intrus en prenant une position de défense, les ailes déployées.

Description

Le Plongeon imbrin (*Gavia immer*) est le plus grand des plongeons.
Identification: En été, tête noire, cou finement rayé de blanc, sur la gorge et sur les côtés; ventre blanc et yeux rouges. En hiver, dessus brun et dessous blanc.
Longueur: 68-81 cm.
Voix: Trilles plaintives, sifflements et rires ressemblant à des cris.
Nourriture: Poissons, crabes, mollusques, vers et insectes.
Distribution: En Amérique du Nord, au nord jusqu'à la limite de la toundra et au sud, jusqu'au 45ᵉ degré de latitude; au sud du Groenland et en Islande.
Population: Menacée par l'homme et la pollution.
Déplacements: Migre vers les côtes de l'Islande, du nord de la Norvège au Portugal, de Terre-Neuve aux Caraïbes et des îles Aléoutiennes à la Californie.
Reproduction: 2 œufs, en général; incubation: 24 à 25 jours. Le jeune vole à 12 semaines.

Ci-dessus: Les adultes se relaient pour couver; s'ils doivent, pour une raison ou pour une autre, quitter le nid, ils recouvriront les œufs de végétaux afin de les protéger des prédateurs.

Ci-dessous: Les premières semaines de leur existence, les petits sont très vulnérables; les parents les prennent souvent sur leur dos pour les protéger, jusqu'à ce qu'ils soient capables de se débrouiller seuls.

À droite: Couple de Grèbes huppés sur son nid. La femelle est légèrement plus petite que le mâle, mais tous deux ont le même plumage magnifique.

Grèbe huppé

Le Grèbe huppé est un oiseau au plumage magnifique, particulièrement mis en valeur pendant la parade nuptiale

Si le Grèbe huppé est aujourd'hui répandu sur la plupart des lacs et des rivières d'Europe, cela n'a pas toujours été le cas. Au XIXe siècle, en effet, l'espèce avait pratiquement disparu de la plus grande partie de sa distribution. La mode était alors aux chapeaux, aux manchons et aux écharpes et les plumes de tête de cet oiseau, aux coloris éclatants et magnifiques, étaient très recherchées. Ce plumage lisse et satiné est en effet imperméable car il pousse sur un duvet épais. L'évolution de la mode et l'apparition du mouvement de conservation de la nature ont heureusement sauvé l'espèce de la disparition. Les habitats nouveaux offerts par les réservoirs artificiels et les gravières lui ont permis de compenser ses pertes et même de s'accroître notablement.

La nidification

À la saison des nids, le Grèbe huppé vit sur des étangs ou des lacs bordés de roseaux, de joncs ou de plantes similaires. Il choisira parfois des rivières lentes, des estuaires ou même des lacs aux eaux saumâtres, mais préfère généralement des sites offrant de vastes zones d'eau profonde. La nidification du Grèbe huppé, en particulier la parade, est un spectacle fascinant qui a attiré l'attention de beaucoup de naturalistes.

Son comportement est intéressant non seulement parce que les parades sont plus sophistiquées que celles de beaucoup d'espèces, mais aussi parce que le mâle et la femelle sont tous deux partie prenante, soit qu'ils paradent à l'unisson, soit qu'ils inversent constamment les rôles. La plupart du temps, les deux oiseaux se font face, le cou tendu et le riche plumage de leur poitrail et de leur tête noire dressé, puis agitent la tête en alternant des mouvements lents et rapides et en émettant des sortes d'aboiements.

Les parades nuptiales, qui commencent bien avant la construction du nid et l'accouplement, se mêlent à celles-ci. Bien que ne menant pas forcément à l'accouplement, elles permettent au couple de développer et de resserrer ses liens en vue de l'accouplement et de la période qui suit.

La dimension du territoire du Grèbe huppé est variable, selon le type d'habitat et le nombre de couples y nichant. Dans certains cas, le couple ne défendra que les quelques mètres carrés situés autour de son nid, dans d'autres il défendra plusieurs hectares. Là ou nichent des colonies éparses, les oiseaux traversent, sans être inquiétés, des territoires ne leur appartenant pas pour aller pêcher. L'emplacement choisi, les oiseaux construisent un nid flottant avec des végétaux et exécutent aussitôt après une parade d'accouplement. L'un des deux oiseaux prend alors l'initiative en grimpant dans le nid et en s'y asseyant dans une attitude d'invite. Ils peuvent réitérer leur parade plusieurs fois avant de s'accoupler véritablement. L'acte accompli, ils agitent tous deux la tête.

La reproduction

Avant même que la femelle ne ponde, les deux oiseaux commencent à s'asseoir sur le nid. Après la ponte, ils couvent alternativement les œufs; ceux-ci, blanchâtres au début, se tachent en raison de l'humidité ambiante. Lorsque le Grèbe huppé doit quitter le nid, il camoufle les œufs en les recouvrant de végétaux pour les protéger des prédateurs. Contrairement à beaucoup d'autres oiseaux aquatiques, le Grèbe huppé couve dès que le premier œuf est pondu, si bien que les petits éclosent à plusieurs jours d'intervalle — ce qui permet probablement, par mauvais temps, de réduire la mortalité infantile. Les premiers jours, les petits sont assez délicats et les parents les nourrissent de petits insectes et de plumes. Celles-ci s'accumulent dans l'estomac et facilitent probablement la formation des pelotes de déjection.

Les petits ont de jolies rayures sur la tête et sont très actifs. Pour la nourriture, cependant, ils sont entièrement dépendants de leurs parents pendant plusieurs semaines. Ces derniers ont fort à faire avec eux car, avant de reconnaître leurs parents, ils ont tendance à suivre tout ce qui bouge — même les bateaux. À cette époque de leur vie, ils sont fortement menacés par les prédateurs tels que les busards. C'est pourquoi on les voit souvent sur le dos de leurs parents qui les protègent de leurs ailes et de leurs plumes scapulaires. Les petits sont habituellement capables de monter sur le dos de l'adulte lorsque celui-ci est à moitié dans l'eau; l'adulte doit parfois étendre une patte à la surface de l'eau, comme marchepied, pour aider le jeune à monter. C'est au cours de cette période que le plumage des petits s'imperméabilise.

Il est fréquent que les parents prennent chacun en charge une moitié de la couvée lorsqu'il y a plus de deux petits et il arrive parfois qu'un adulte ait une attitude agressive envers les jeunes élevés par son partenaire. Il semble que ce comportement ait pour but d'assurer la survie d'une partie de la couvée, au cas où l'un des parents mourrait, un seul adulte ne pouvant élever à lui seul une nombreuse famille.

Les jeunes apprennent plus tard à pêcher. Ils sont au début très maladroits et plongent mal; à trois mois, ils sont généralement capables de subvenir seuls à leurs besoins.

Après la saison des nids, les Grèbes huppés du nord de l'Europe s'envolent vers le sud. Si la saison est rigoureuse et que les eaux continentales gèlent, ils partent vers la mer. Ils ne se rassemblent jamais en colonies importantes, mais on voit souvent des groupes d'une douzaine d'oiseaux, entre la fin de l'été et le début du printemps suivant. On a déjà observé plus de 20 000 oiseaux sur les lacs suisses, qui sont les principales aires d'hivernage de l'espèce.

PARTICULARITÉ

Il est intéressant d'observer régulièrement le Grèbe huppé en décembre et en janvier. C'est l'époque où les oiseaux, après de longues fiançailles, sont enfin réunis et où se déroule une cérémonie spectaculaire, au cours de laquelle les partenaires font connaissance; tous deux participent à égalité à cette cérémonie et prennent des postures étonnantes, en mettant en valeur leur plumage nuptial.

Description

Le Grèbe huppé (*Podiceps cristatus*) est un oiseau plongeur de taille moyenne, au corps élancé, au long cou et à la double crête si caractéristique à la saison des nids. Population croissante en raison de la multiplication des habitats artificiels.
Identification: Plus grand grèbe eurasien. À la saison des nids, dessus généralement marron, dessous blanc, huppe noire et collerette rouille et marron; bec rosé. L'hiver, pas de collerette mais une ligne blanche au-dessus de l'œil. Vole le cou et les pattes allongés; deux taches blanches caractéristiques sur les ailes. Les jeunes ont le cou rayé. Longueur: 46-52 cm.
Voix: Cris divers, la plupart du temps rauques, nasillards ou gutturaux. Aboiements, meuglements et grondements prolongés.
Nourriture: Principalement des poissons, mais aussi des animaux aquatiques qu'il attrape généralement en plongeant. Attrape aussi poissons et insectes à la surface de l'eau.
Distribution: Dans les régions tempérées et méditerranéennes: de l'Irlande, à l'ouest, à la côte Pacifique de l'Asie, sur tout le continent européen; pratiquement absent du sud de l'Irlande, de l'Écosse, de la Scandinavie, de l'Afrique du Nord et du Moyen-Orient. Populations isolées en Afrique, au sud du Sahara.
Population: A augmenté depuis le début du XIXe siècle. Environ 20 000 couples en Europe, à l'heure actuelle.
Déplacements: Migrateur. Quitte les régions où il gèle pour le littoral, depuis l'Écosse, au nord, jusqu'à la Méditerranée, au sud.
Reproduction: Le nid, construit par le couple, est une plate-forme de végétaux. La femelle pond 1 à 6 œufs blanc crayeux entre janvier et octobre. Incubation: 28 jours. Les parents se partagent les petits pour les élever. Deux couvées.

Ci-dessous: Parade aquatique: Les oiseaux s'éloignent, puis plongent lentement; tenant dans leur bec les plantes qu'ils viennent de cueillir, ils reviennent l'un vers l'autre et dressent leur corps à la verticale en se touchant et en agitant furieusement l'eau autour d'eux.

Ci-dessus: Lorsqu'il est en alerte ou qu'il défend son territoire, le Grèbe huppé dresse sa tête en signe de menace.

Grèbe a cou noir

Le Grèbe à cou noir a la curieuse habitude de nicher en cclonie, en compagnie des Mouettes rieuses, réputées pour piller les nids

Le Grèbe à cou noir est un bel oiseau à l'étonnant plumage brun doré en éventail, sur le côté de la tête. Il niche en Europe, sur les lacs et les étangs bordés de vastes étendues de roseaux. Il bâtit son nid avec des végétaux en décomposition, soit à découvert pour en surveiller les abords, soit complètement caché par une végétation luxuriante.

Le Grèbe à cou noir est un oiseau sociable qui niche parfois en compagnie d'autres espèces comme la Mouette rieuse ou les sternes, dans certaines régions d'Europe. Cette habitude paraît curieuse, les mouettes étant réputées pour piller les nids, mais il semble que les Grèbes à cou noir y trouvent leur compte.

Les mouettes leur servent en fait de chiens de garde. Dans ces colonies mixtes, un certain nombre de mouettes volent au-dessus du groupe afin d'identifier à distance tout prédateur, homme ou animal, et d'avertir du danger. Leurs cris alertent immédiatement les autres mouettes ainsi que les grèbes sur leur nid; si les cris se font plus intenses, les grèbes recouvrent les œufs avec les matériaux du nid, prêts à abandonner le nid si le prédateur apparaît.

Les relations ne sont cependant pas faciles et bien que les mouettes ne semblent pas molester les grèbes, elles s'intéressent certainement à leurs œufs. Lorsqu'une mouette se pose ou s'approche à moins de quelques mètres du nid, le grèbe la menace en tendant le cou et en ouvrant le bec. Si elle décrit un cercle autour du nid, le grèbe se contorsionne pour surveiller attentivement l'attaquant.

Les petits quittent le nid à quelques semaines et rejoignent des groupes multi-familiaux, confiés à quelques adultes seulement. Les autres oiseaux élèvent une seconde couvée ou s'envolent simplement vers leurs quartiers d'hiver sur le littoral, où ils constituent de grandes colonies. Parfois, les petits de la première couvée restent avec leurs parents et aident à nourrir la seconde couvée.

Grèbe à cou noir couvant. L'oiseau surveille attentivement les alentours et si les mouettes tournoyant au-dessus du groupe poussent des cris d'alarme persistants, il recouvrira ses œufs de végétaux et quittera le nid en cas de danger.

Description

Le Grèbe à cou noir (*Podiceps nigricollis*) est un petit oiseau plongeur, à tête plutôt carrée; sa population semble diminuer dans la région ouest de sa distribution.

Identification: Petit grèbe au bec légèrement pointé vers le ciel. En été, les adultes ont la tête, le cou et le dos noirs, avec une touffe dorée à l'arrière de l'œil. Longueur: 28-34 cm.

Voix: Bavarde et chantonne.

Nourriture: Principalement des insectes et leurs larves, mais aussi escargots, amphibiens et petits poissons.

Distribution: Nidifie de façon isolée dans beaucoup de pays européens, de la Suède, au nord, à l'Espagne et à la Turquie, au sud. Grande concentration de couples nicheurs en URSS.

Population: Les limites de son aire de nidification se modifient constamment. On note depuis peu un lent déclin.

Déplacements: Migrateur et erratique. Hiverne là où il ne gèle pas en Europe. Migre vers le sud, jusqu'en Afrique.

Reproduction: Niche souvent en colonie. D'avril à juin, la femelle pond 3 à 4 œufs crayeux qui éclosent environ 20 jours après.

Ci-dessous: Pour faire connaissance, l'un des oiseaux plonge et réapparaît devant l'autre en se dressant sur l'eau comme un pingouin. Les deux oiseaux nagent l'un vers l'autre, le corps dressé, puis courent ensemble à la surface de l'eau.

Grèbe esclavon

Le Grèbe esclavon, s'il est plutôt terne en hiver, prend au printemps un plumage magnifiquement coloré, dont l'éclat est encore rehaussé par une parade nuptiale des plus séduisantes

A partir de la fin février et tout le mois de mars, le Grèbe esclavon subit une transformation spectaculaire; il remplace son triste plumage d'hiver par une livrée nuptiale richement colorée et très caractéristique: il possède, en particulier, deux bandes de plumes dorées à la hauteur des yeux, qui sont rejetées en plumeau à l'arrière de la tête, lorsqu'elles sont dressées.
Ces cornes d'or jouent un rôle essentiel dans la parade nuptiale et la défense du territoire: elles agissent comme une menace vis-à-vis de l'intrus et indiquent les intentions amoureuses des partenaires. Aux États-Unis, cet oiseau porte le nom de "Grèbe cornu", qui semble beaucoup mieux convenir puisqu'il ne niche pas en Esclavonie (région de la Tchécoslovaque située entre le Danube et la Drave, également appelée Slavonie).
La population européenne de cette espèce ne compte en fait que quelques centaines de couples, dont la majorité niche dans les baies protégées et sur les lacs et les étangs peu profonds de Scandinavie et d'Islande. Quelques couples nichent en Écosse depuis le début du siècle: le premier nid à été signalé sur un lac écossais en 1909 et plus de 50 couples nichent maintenant régulièrement dans les Highlands.

La parade nuptiale

La parade nuptiale du Grèbe esclavon est composée de phases complexes au cours desquelles les partenaires éventuels du couple s'imitent mutuellement: la plus remarquable est celle où les oiseaux plongent pour remonter des plantes aquatiques. Cette parade particulière est généralement le stade final de la formation du couple. Les deux oiseaux plongent et remontent en se faisant face, tenant dans leur bec des herbes aquatiques. Ils dressent les plumes de leur tête et de leur poitrail et mettent ainsi en valeur leurs cornes dorées, qui semblent serties dans leur plumage noir. Dès que leurs becs se touchent, les oiseaux se dressent sur l'eau, le corps parallèle, puis courent sur l'eau en l'effleurant à peine, en guise de final.
Cette parade sert probablement à évaluer un partenaire éventuel. Elle permet également de renforcer les liens du couple au début de la saison des nids. Les deux partenaires construisent le nid, couvent et élèvent ensemble les petits. Tous deux défendent également le territoire en émettant des trilles comme menaces, en cas de conflits frontaliers.
En dépit de l'instinct territorial qui est le leur, les Grèbes esclavons nichent en colonie, en Écosse. Il est probable que les emplacements propices — dans les roselières, les jonchères et les végétations similaires — sont trop peu nombreux pour la population nichant sur les lacs écossais.

Des nids et des petits vulnérables

Le nid du Grèbe esclavon, un simple amas détrempé de végétaux aquatiques en décomposition, est situé sur l'eau, près de la berge. Bien qu'habituellement bien amarré dans les joncs ou d'autres plantes hautes, il est souvent très exposé. Les oiseaux nicheurs sont très sensibles au dérangement humain et leurs œufs sont à la merci de collectionneurs peu scrupuleux. De fortes pluies peuvent également faire monter le niveau de l'eau et mettre les œufs en danger, en détrempant le nid.

Ci-dessous: Grèbe esclavon dans sa livrée nuptiale. Ses deux cornes d'or jouent un rôle important au cours de la parade nuptiale et de la défense du territoire. Lorsque ces plumes ne sont pas dressées, elles retombent sur le côté de la tête.

Description

Le Grèbe esclavon (*Podiceps auritus*) est un petit oiseau plongeur trapu, à bec plat et à tête plate. Sa population a augmenté dans certaines régions alors qu'elle a décliné dans d'autres en raison de la prolifération des végétaux dans les lacs et de l'acidité de leurs eaux.
Identification: Petit grèbe au bec droit. L'été, les adultes sont sombres sur le dessus; cou et flancs châtain, tête noire et luisante et bande et touffe dorée à la hauteur de l'œil. En hiver, calotte noire et gorge blanche. Longueur: 31-38 cm.
Voix: Gazouillis et trilles.
Nourriture: Plonge de la surface, picore ou saisit vivement des insectes, des larves et des poissons, principalement.
Distribution: Nidifie plus au nord que la plupart des grèbes: à partir de l'Islande, sur une large bande rejoignant l'Écosse, le sud de la Norvège et de la Suède à la côte

À gauche: Grèbe esclavon sur le bord de son nid flottant. Certains nids sont cachés au milieu de plantes hautes, d'autres sont à découvert, à la merci des prédateurs, des hommes en particulier, qui volent leurs œufs.

Ci-dessous: Quelques jours après l'éclosion, les petits vont à l'eau. Ils recherchent la protection de leurs parents en montant sur leur dos. Les brochets attaquent les jeunes sans être vus, par en-dessous.

Les petits qui survivent à tous ces dangers vont à l'eau quelques jours seulement après avoir éclos. Les parents les portent souvent sur leur dos et les y nourrissent également. S'ils ont été avertis d'un danger, ils grimpent également sur leur dos pour échapper aux mouettes ou aux autres prédateurs. Ils sont toutefois à la merci des brochets qui les attaquent par surprise, puisqu'ils viennent de l'eau. Beaucoup de jeunes succombent ainsi tous les ans.
Les jeunes et les adultes pêchent généralement en-dehors de leur territoire; ils se nourrissent d'insectes et de petits poissons comme les épinoches, qu'ils attrapent en plongeant.
Ils peuvent ainsi nicher à proximité les uns des autres sans manquer de nourriture. Toutefois, la parade nuptiale, la défense du territoire et le comportement familial des Grèbes esclavons sont souvent plus marqués quand ils nichent en colonie que lorsqu'ils nichent séparément. C'est pourquoi il est intéressant et même fascinant d'observer les activités fébriles d'une colonie de Grèbe esclavons.

Pacifique de l'URSS.
Population: A étendu son aire de nidification au nord et au sud; population en déclin dans certaines régions de Suède. 5 000 couples, environ.
Déplacements: Migrateur ou erratique. En hiver, déserte les petites étendues d'eau continentales pour le littoral. Migre vers le sud, jusqu'à la Manche, la Méditerranée, la mer Noire et la mer Caspienne.
Reproduction: Niche dans des baies protégées de lacs et d'étangs, sur une plate-forme de végétaux flottants amarrée à des végétaux, à des rochers ou au fond de l'eau. Entre mai et juin, la femelle pond 4 à 5 œufs crayeux (qui deviennent vite bruns), qui éclosent 20 jours après. Le couple s'occupe des jeunes. Une seule couvée.

À droite: *Côte à côte et tenant dans leur bec des plantes aquatiques, le couple de Grèbes esclavons court sur l'eau. C'est une étape importante de la parade nuptiale.*

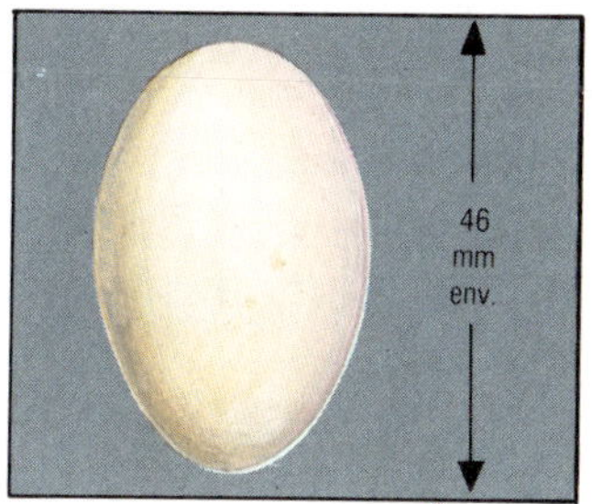

Grèbe jougris

Comme les autres grèbes, le Grèbe jougris troque son triste plumage d'hiver pour une livrée nuptiale plus colorée

Comme les autres grèbes, le Grèbe jougris bâtit son nid sur des lacs d'eau douce ou des étangs avec des végétaux. Il affectionne en particulier ceux où pousse une abondante végétation sous-marine et où les joncs s'entremêlent aux roseaux ou donnent accès au lac. Il se nourrit essentiellement de petits poissons, de grenouilles, de serpents d'eau et d'insectes, et parfois de plumes, qui facilitent apparemment la digestion.
Le Grèbe jougris est un oiseau migrateur hivernant jusqu'en Méditerranée. En Europe, il hiverne volontiers dans le delta du Danube, mais on le trouve sur de nombreux autres rivages. Il arrive qu'il hiverne sur les lacs continentaux ou sur des réservoirs artificiels. C'est cependant une espèce très rare dans nos pays.
Pendant la migration, les Grèbes jougris volent la plupart du temps la nuit, partant et arrivant même dans l'obscurité. Au petit matin, ils se posent sur l'eau et continuent leur voyage en nageant toute la journée. Ils se rassemblent parfois en colonies éparses et se nourrissent en mer de petits harengs, de serpents de mer, de crevettes roses et parfois de crabes.
Le Grèbe jougris, bien que trapu, nage sans difficulté sous l'eau, comme les autres grèbes d'ailleurs. Il plonge dans la mer après avoir parfois exécuté un petit saut et peut rester 40 secondes sous l'eau. Lorsqu'il réapparaît, au bout de 25 secondes en moyenne, il secoue la tête pour faire tomber l'eau restée sur son bec; contrairement au Grèbe huppé et au Grèbe castagneux, il est rare qu'il incline la tête sur son poitrail pour que son plumage absorbe cette eau.

À droite: Famille de Grèbes jougris. On peut voir les petits à peine éclos derrière l'adulte sur le nid. Son partenaire rapporte à manger pour sa couvée; ce peut être un insecte, une larve ou même un petit poisson.

Grèbe castagneux

Le Grèbe castagneux est un oiseau commun, bien que vulnérable. Sa petite taille fait de lui une proie facile pour les prédateurs

Le Grèbe castagneux est le plus petit grèbe d'Europe. Il est sédentaire dans la plupart des régions d'Europe, tandis que les populations de Scandinavie et d'Europe de l'Est sont migratrices et quittent leurs aires de nidification pour hiverner.
Il est facile de l'identifier dans un groupe de grèbes car c'est le seul de cette famille à ne pas avoir de plumes de tête à la saison des nids. Sa livrée nuptiale est toutefois plus colorée que son plumage d'hiver et son chant compense largement l'absence de plumes de tête. Les deux partenaires exécutent en fait une sorte de duo, échangeant de longs rires aigus, presque hystériques, et du moins surprenants.
Les Grèbes castagneux construisent leur nid avec des végétaux aquatiques en décomposition et l'amarrent à des plantes situées au bord de l'eau. Si les oiseaux sont dérangés, ils se glissent à l'eau en douceur, contrairement à la Poule d'eau, et disparaissent sous l'eau sans une éclaboussure.
Ils plongent généralement pour se nourrir et restent de 15 à 25 secondes sous l'eau, parfois plus. Lorsqu'il plonge, le Grèbe castagneux donne un vigoureux coup d'aile pour imprimer une poussée à son corps et compenser sa légèreté. La vie de ce grèbe est semée de dangers, dès le premier jour — c'est en effet un oiseau si petit qu'il est une proie facile pour quantité de prédateurs. On a même trouvé un Grèbe castagneux adulte dans l'estomac d'un brochet.

Ci-dessus: Le Grèbe castagneux est le plus petit des grèbes. On le voit généralement en couple ou en famille: en dehors de la saison des nids, les adultes forment parfois des groupes plus importants.

Description

Le Grèbe jougris (*Podiceps grisegena*) est un oiseau plongeur de taille moyenne dont la population a augmenté depuis le XIXᵉ siècle.

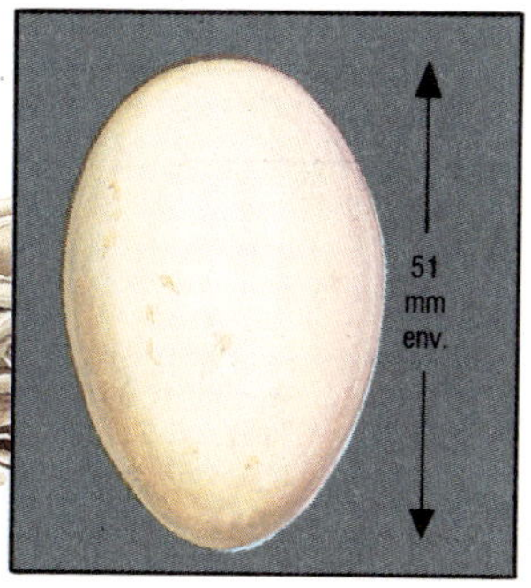

Identification: Cou trapu, base du bec jaunâtre, tête grise, capuchon et cou plus sombres. En été, cou châtain, flancs et joues blanchâtres. Le plumage de l'adulte est de la même couleur en hiver, à l'exception de son cou gris terne. Vol bas et rapide; deux taches blanches sur le dessous de l'aile. Longueur: 40-50 cm.
Voix: Grognements, plaintes ou sifflements, dont certains ressemblent à ceux des cochons. Généralement silencieux en dehors de la saison des nids.
Nourriture: Plonge ou nage sous l'eau pour attraper des insectes et leurs larves et quelquefois des poissons.
Distribution: En petit nombre en Europe occidentale. Principales zones de nidification: Finlande, URSS, Asie et Est asiatique.
Population: population stable, bien que le plus rare parmi les grèbes. En été, préfère habiter le pourtour des régions arctiques et alpines. L'hiver, on le voit souvent sur les rivages maritimes. 4000 couples en Europe, environ.
Déplacements: Nomadise sur le littoral en hiver, sur la mer du Nord et l'Adriatique.
Reproduction: Nid de végétaux amarré à des plantes aquatiques. Entre avril et juin, la femelle pond 4 à 5 œufs que les parents couvent alternativement 20 jours, environ. Une seule couvée généralement.

Description

Le Grèbe castagneux (*Tachybaptus ruficollis*) est un petit oiseau plongeur marron, largement répandu.
Identification: Le plus petit parmi les grèbes: cou court, bec épais, corps dépassant largement de l'eau. L'été, plumage à reflets marrons, gorge brun-roux, bec noir à tache jaune autour de la bouche. Vole comme les autres grèbes; pas de tache sur l'aile. Longueur: 25-29 cm.
Voix: Gazouillis et trilles. À la saison des nids, cri aigu et sons durs et retentissants, pour la menace.
Nourriture: Insectes, larves et autres animaux aquatiques comme les crustacés, les têtards et les petits poissons; des végétaux, parfois. L'oiseau plonge généralement, mais picore ou fait même des bonds dans l'eau pour attraper des insectes en plein vol.
Distribution: Très répandu dans toute l'Europe, à l'exception de la Norvège, de la Suède et de la Finlande.
Population: Nombreuse. Peut-être en progression dans certaines régions; a souffert du drainage et de la pollution. On le trouve sur des étangs, des rivières calmes et des fossés.
Déplacements: Migrateur, erratique ou sédentaire. Déserte les régions les plus au nord pour la Méditerranée.
Reproduction: Construit une plate-forme de végétaux flottants et l'amarre à des plantes aquatiques, sous des branchages ou au milieu d'herbes hautes. En février-mars, la femelle pond 4 à 6 œufs blanchâtres qui se tachent de brun pendant l'incubation; celle-ci dure 20 jours. Deux couvées.

LES MODÈ

La façon de voler et le modèle de vol d'un oiseau constituent en réalité sa signature et permettent de l'identifier avec plus de facilité et de certitude

Le squelette

La capacité de vol des oiseaux s'explique pas trois caractéristiques anatomiques importantes. 1. Leur ossature, bien que légère, est extraordinairement résistante. 2. Leurs muscles pectoraux, qui actionnent les ailes, sont puissants et très gros par rapport au reste du squelette. 3. Les os longs du "bras" et de la "main", constituant l'ossature de l'aile, supportent une surface importante de plumes très ajustées.

Le plumage est un élément essentiel de l'adaptation au vol de l'oiseau: le duvet isole son corps du froid, les plumes des ailes lui permettent de voler et les plumes de contour lui procurent chaleur, protection et coloration. Une plume comprend un axe central, rigide et très léger sur lequel sont fixés, de chaque côté, de petits éléments, les barbes. Celles-ci portent de petites branches, appelées barbules, maintenues par de petits crochets ou barbicelles. L'ensemble de ces éléments constituent une structure très lisse et très résistante.

Mésange bleue (ci-dessus) *utilisant ses ailes pour freiner avant de se poser; les ailes sont en arrière, dressées au-dessus du corps, et les rémiges sont écartées pour ralentir l'oiseau.*

Cygne domestique prenant son vol: *Les gros oiseaux, comme ce Cygne domestique, ont parfois du mal à prendre leur envol. Ce cygne doit courir sur l'eau, l'action de ses ailes n'étant pas suffisante pour soulever son corps (13 kg) hors de l'eau. Les petits oiseaux n'ont pas le même problème puisqu'il leur suffit de bondir pour s'envoler.*

Le vol

Les plumes des ailes et de la queue permettent à l'oiseau de se diriger. Les ailes comportent trois groupes de plumes. 1. Les rémiges primaires lui permettent de se propulser et de se diriger. Lorsque l'aile s'abaisse, elles sont aplaties et déplacent un grand volume d'air — c'est le temps moteur. Lorsque l'aile se relève, elles s'écartent et n'offrent plus de résistance à l'air. 2. Les rémiges secondaires lui permettent de s'élever dans l'air. 3. Les alules (ou rémiges bâtardes) lui servent à virer à faible vitesse — ce sont les ailerons d'un avion. Pour tourner, l'oiseau incline le corps en se servant de sa queue comme d'un gouvernail.

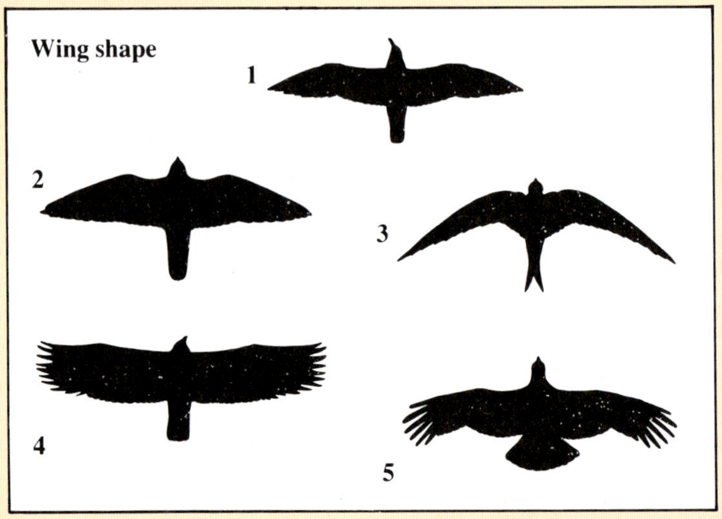

Les différentes formes d'aile (à gauche):
1. *Les Puffins ont de longues ailes effilées leur permettant de planer au-dessus de l'eau, en se laissant porter par les courants ascendants.* **2.** *Les ailes minces du Faucon pèlerin font de cet oiseau un excellent voilier.* **3.** *Les Hirondelles, aux ailes en forme de faucille et à la queue fourchue manœuvrent rapidement.* **4.** *Les larges ailes de l'Aigle lui permettent de s'élever facilement dans les airs, les rémiges largement écartées contrôlant sa direction.* **5.** *Le Tétras, aux larges ailes, peut prendre rapidement son essor.*

ES DE VOL

Bernaches du Canada (ci-dessus): *en formation de vol, plutôt relâchée, en V.*
Faucon hobereau (à gauche): *Son habileté lui permet de saisir des insectes.*

La forme des ailes

Selon les espèces et l'adaptation au milieu, la forme des ailes et du corps s'est diversifiée; ces caractéristiques facilitent l'identification d'un oiseau en vol. Par exemple, des ailes ramenées vers l'arrière indiquent qu'il s'agit vraisemblablement d'un oiseau au vol rapide, se dirigeant très facilement — comme le martinet, par exemple, qui attrape des insectes sur son aile. Une grande envergure appartient sans doute à un planeur — c'est le cas du puffin que l'on peut voir planer de longs moments juste au-dessus des vagues, porté par un courant d'air ascendant.
Certains oiseaux sont essentiellement terrestres et ne s'envolent que pour échapper au danger; ce sont, en particulier, les râles et le gibier d'eau: leurs ailes larges et arrondies leur permettent de s'élever et d'accélérer rapidement, mais pas de voler longtemps. Les oiseaux utilisant le vol plané ascensionnel ont généralement des ailes larges et longues et des rémiges primaires écartées pour utiliser au mieux les courants d'air ascendants: les aigles, par exemple, sont capables de voler longtemps sans avoir besoin de battre des ailes pour rester en l'air. Beaucoup d'oiseaux marins utilisent également ce type de vol pour garder leurs forces.

COURRIER

Q Je crois avoir vu un Balbuzard pêcheur près d'un réservoir, mais ses ailes étaient retombantes comme celles d'une mouette. Je me suis souvenu ensuite que les balbuzards ne nichaient qu'en Écosse. De quel oiseau pouvait-il s'agir?
R D'après ce que vous me dites, c'était probablement un Balbuzard, car ces oiseaux ressemblent souvent à de grosses mouettes. Bien que nichant en effet en Écosse, ils traversent cependant, plus au sud, en Angleterre pendant la migration.
Q Comment les oiseaux peuvent-ils faire du vol stationnaire?
R Pour faire du sur place, les oiseaux emploient toutes leurs forces à gagner de la hauteur plutôt qu'à avancer. Ils volent à contre-vent, à la même vitesse que le vent, de sorte que la poussée de celui-ci les maintient sur place.
Q J'ai vu près d'un lac un oiseau brun et blanc, au vol curieux. Le bout de ses ailes vibrait puis retombait. De quel oiseau pouvait-il s'agir?
R C'était sans aucun doute un Chevalier guignette, car c'est le seul oiseau à voler de cette façon.

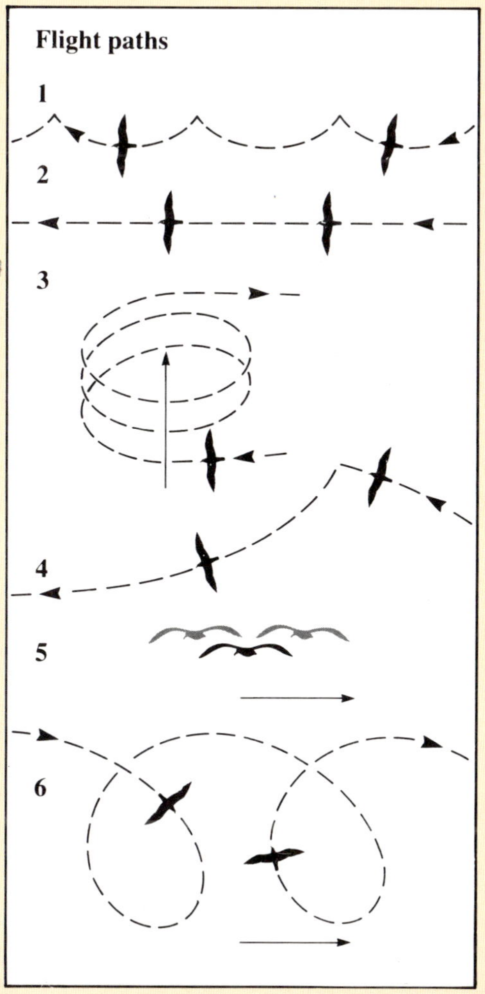

Modèles de vol (à droite):
1. *Vol ondulant, caractéristique des Pinsons et des Bergeronnettes.* **2.** *Un vol généralement plat et direct, avec de petits battements d'ailes est caractéristique des Corneilles et des Étourneaux.* **3.** *Vol plané ascensionnel et tournoyant, utilisant les courants d'air, typique des oiseaux de proie.* **4.** *Vol ascensionnel rapide, suivi d'une lente descente, typique du gibier d'eau.* **5.** *Vol stationnaire, utilisé en particulier par le Faucon crécerelle.* **6.** *Les oiseaux marins planent et tournoient au-dessus de la mer.*

Vol d'avocette: *L'Avocette a un vol caractéristique, avec sa tête et ses pattes totalement allongées. Ses larges ailes blanches, aux bouts noirs, permettent de l'identifier facilement à distance.*

Les modèles de vol

Les petits oiseaux au vol ondulant sont souvent des pinsons, des bruants ou des bergeronnettes. Ceux qui se poursuivent en tournoyant et en piquant sans se poser sont probablement des hirondelles ou des martinets. Un oiseau isolé, faisant du surplace dans la campagne, est presque certainement un Faucon crécerelle. Beaucoup d'oiseaux battent doucement des ailes; s'ils ne sont pas en formation, ce sont probablement des Corbeaux freux, des Choucas des tours ou des corneilles. Les gros oiseaux, en formation en V ou volant les uns derrière les autres, sont des cygnes, des canards ou des oies. Les oiseaux de proie volent haut, tournoient dans le ciel.

LES RÉGIMES A

S'il est impossible de reconnaître un oiseau par sa forme ou son vol, son régime alimentaire peut être révélateur

La recherche de la nourriture

Les habitats et les comportements alimentaires des oiseaux sont multiples: les Hirondelles et les Martinets chassent les insectes en altitude, le Courlis fouille la boue jusqu'à 15 cm pour attraper des vers alors que l'Harelde de Miquelon plonge jusqu'à 60 mètres pour pêcher.

La recherche de la nourriture a, plus qu'aucun autre facteur à lui seul, influé sur la morphologie des oiseaux. On peut dire que chaque oiseau est adapté à son habitat et à la nourriture qu'il offre — bien que son degré d'adaptation soit variable: ainsi, certains oiseaux comme les Mouettes et les Corneilles mangent n'importe quoi alors que d'autres se cantonnent a un seul type d'aliment. Leur comportement alimentaire et leurs particularités peuvent donc donner des indications permettant de les identifier.

L'adaptation du bec est la plus évidente. Le bec d'un oiseau est à la fois une bouche et un outil pour chercher la nourriture — c'est pourquoi certains sont très caractéristiques.

Les oiseaux terrestres

Beaucoup d'oiseaux trouvent leur nourriture dans les sols meubles, que ce soit dans un jardin ou dans la boue et la vase d'eaux peu profondes, et sont dotés de longs becs pointus, capables de creuser le sol en profondeur.

Les échassiers, comme les Bécassines et les Barges, ont de longs becs minces pour creuser la vase des plages à la recherche de mollusques et de vers; on peut être sûr que tout oiseau à long bec fouillant un rivage est un échassier. Selon la longueur de leur bec, ils prennent leurs aliments à une profondeur déterminée. Cette spécialisation empêche la concurrence et permet à diverses espèces de vivre côte à côte, en harmonie.

De tous les oiseaux, ceux qui se nourrissent sur le sol sont peut-être les moins spécialisés puisqu'ils mangent à peu près tout, des graines aux insectes — c'est pourquoi leur comportement alimentaire est moins caractéristique.

Les plus reconnaissables sont les granivores: leur bec est généralement court, puissant et pointu, pour saisir les noisettes et les graines, et massif à la base pour les fendre. Le bec puissant du Gros-bec est pourvu de plaques striées lui permettant de maintenir les noisettes tout en les ouvrant — il fonctionne exactement comme un casse-noix. Grâce à ses muscles maxillaires extrêmement puissants, cet oiseau est capable de casser des noyaux de cerise.

Mouettes sur une décharge publique (à gauche): *Les Mouettes se nourrissent de n'importe quoi et se délectent de déchets.*

Jeunes Hirondelles (ci-dessus) *découvrant un petit bec et un immense gosier, destinés à capturer des insectes dans les airs.*

Les rapaces

Les rapaces sont peut-être les oiseaux les plus caractéristiques, avec leur bec crochu et leurs serres puissantes. Les Aigles, les Autours, les Faucons et les Hiboux capturent leurs victimes avec leurs serres — les Faucons se saisissent même de leur proie en vol — et, de leur bec crochu, déchirent leur chair avant de la manger.

Les Pies-grièches utilisent également leurs pattes pour saisir leur proie, de gros insectes. Elles ont la particularité d'empaler leurs victimes sur des arbustes épineux (appelés lardoirs) avant de les manger, ce qui a valu à une espèce le nom de Pie-grièche "écorcheur".

Le bec long et recourbé du Courlis est un outil idéal pour sonder le sol.

Les mandibules croisées du Bec-croisé lui permettent d'ouvrir des graines de conifère.

Les Gros-becs ont un bec puissant capable de casser des noyaux de fruit et des noisettes.

Les Pics ont un puissant bec en ciseaux, capable d'entailler l'écorce des arbres.

Le bec mince et recourbé du Grimpereau permet à cet oiseau de saisir des aliments dans de petites fentes.

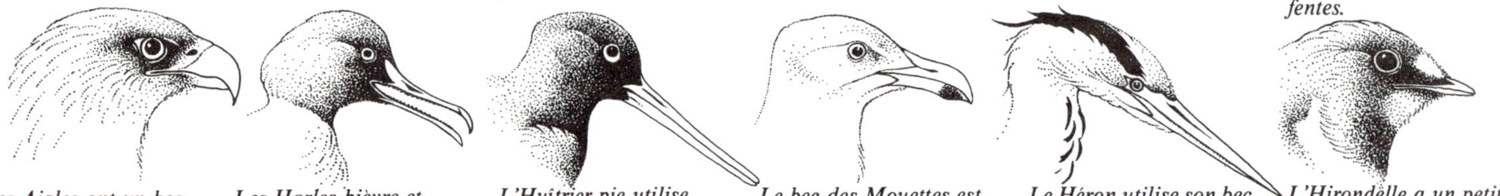

Les Aigles ont un bec puissant, pour déchirer la chair des victimes qu'ils ont saisies entre leurs serres.

Les Harles bièvre et huppé ont un bec en dents de scie, pour saisir des poissons glissants.

L'Huîtrier pie utilise son long bec, en forme de sonde, pour ouvrir les coquillages.

Le bec des Mouettes est parfaitement adapté à son comportement alimentaire.

Le Héron utilise son bec pointu, en forme de poignard, pour attraper des poissons à la surface de l'eau.

L'Hirondelle a un petit bec et un énorme gosier, parfaitement adaptés à la chasse des insectes dans les airs.

ALIMENTAIRES

Les grimpeurs

Beaucoup d'oiseaux se nourrissent dans les arbres et ont une morphologie adaptée à ce comportement alimentaire. On les reconnaît souvent à leur position, puisqu'ils grimpent le long des troncs d'arbre à la recherche de leur nourriture.
Certains oiseaux, comme les grimpeurs, trouvent leur nourriture dans les crevasses des écorces. Leurs griffes acérées et leurs pattes puissantes leur permettent de monter facilement aux arbres, leur bec long et mince de capturer des insectes à l'intérieur des interstices.
Les Pics ont un bec plus dur et moins pointu, dont ils se servent comme d'un marteau pour creuser les troncs d'arbre. Lorsqu'il a creusé un trou, le Pic y introduit sa longue langue garnie de soies à l'extrémité, pour capturer les insectes. Il peut atteindre une profondeur de 12 cm.

COURRIER

Q J'ai vu récemment un échassier au long bec sur le rivage, mais au lieu de creuser le sable, il semblait picorer. De quel oiseau pouvait-il s'agir?
R D'un Huîtrier pie, probablement. Il picore parfois en surface ou donne de violents coups de bec sur les rochers, au bord de l'eau, pour ouvrir les moules. Pour s'en assurer, il suffit de chercher les débris de coquillage, parmi les rochers.
Q J'ai vu l'autre jour une bande d'échassiers sondant les marais. Mais ils ne semblaient pas manger car ils restaient de longs moments immobiles. Était-ce des Courlis?
R C'était sans doute des Courlis. L'extrémité de leur bec est souple et sensible à tout mouvement. Lorsqu'ils fouillent le sol, ils restent tout à fait immobiles jusqu'à ce qu'ils sentent une bête bouger à proximité; l'extrémité du bec s'entrouve alors, grâce à des tendons, pour saisir l'animal, mais le reste du bec ne bouge absolument pas.

Courlieu (à gauche) *au long bec incurvé; bien qu'il fouille rarement en profondeur la boue pour chercher sa nourriture, il ne concurrence pas les oiseaux à bec plus court.*

Couple de Canards souchets (à droite): *Avec leur bec en spatule, ils filtrent l'eau des marais et des lacs peu profonds pour retenir de petites parcelles de nourriture.*

Les oiseaux aquatiques

Certains oiseaux aquatiques plongent pour pêcher des poissons, d'autres se contentent d'attraper des insectes et des plantes aquatiques à la surface de l'eau ou juste en-dessous.
Les plongeurs ont un bec caractéristique pour saisir des poissons glissants, soit qu'ils attrapent leur proie en les poursuivant sous l'eau ou qu'ils plongent directement. Les Harles bièvres, huppés et piettes ont des becs à bords en dents de scie, comme les Fous; ceux-ci préfèrent attaquer les poissons par dessous et les coincer à l'arrière du bec plutôt que de les approcher par derrière. Les Macareux moines peuvent tenir dans leur bec énorme jusqu'à douze équilles — on se demande même comment ils peuvent attraper tant de poissons sans en laisser échapper un seul.
Les oiseaux de surface ont, quant à eux, de larges becs en forme de pelle, allant du grand bec busqué du Flamant rose au bec en spatule de la Spatule blanche. Ces oiseaux emmagasinent dans leur bec de grosses quantités d'eau, qu'ils filtrent et rejettent après avoir avalé les particules solides qui y étaient contenues. Cette technique est appelée barbotage, chez les canards.

Guifette noire *attrapant au vol de petits insectes à la surface de l'eau.*

Les chasseurs

Les oiseaux qui capturent leurs proies uniquement sur leurs ailes, comme les Gobe-mouches, les Martinets et les Hirondelles, chassent en volant. Certains, comme le Gobe-mouche gris, s'élancent à partir d'un poste d'affût et sont très reconnaissables. Les Martinets, pour leur part, dévorent leur proie en vol.
Quelle que soit la manière dont ils chassent, les oiseaux se nourrissant sur leurs ailes n'ont pas besoin d'un long cou; ils ont plutôt un bec largement fendu et un grand gosier pour attraper les insectes. Celui de l'Hirondelle ne se compose que de deux lèvres cornées, mais il s'ouvre largement. Les Martinets et les Gobe-mouches ont, autour du bec, des soies caractéristiques, pointées vers l'avant, qui agrandissent leur gosier et guident les insectes dans leur bouche. Tous ces oiseaux chassent droit devant eux et ont à peine besoin de tourner la tête.

COLORATION

Lorsqu'on cherche à identifier un oiseau, on regarde toujours son plumage. Mais quelles en sont les principales caractéristiques et que peut-on en déduire, quant à son comportement?

Le rôle des couleurs

Beaucoup d'oiseaux de nos pays paraissent à distance noirs ou marron, sans éclat, contrairement aux oiseaux tropicaux très colorés. Si l'on s'approche, on s'aperçoit que même le plumage le plus terne est richement coloré. La coloration du plumage joue un rôle essentiel dans la vie d'un oiseau.
Chaque espèce a sa propre coloration, mais celle-ci n'est vraiment bien marquée que lorsque l'oiseau est adulte. Le dessin des couleurs, bien qu'il puisse varier avec l'âge, le sexe et les saisons, reste l'une des caractéristiques les plus importantes permettant d'identifier chaque espèce.
La coloration d'une espèce est l'aboutissement de milliers d'années d'évolution et d'adaptation à son habitat et, par suite, le garant de sa survie. Certaines couleurs ("cryptiques") servent de camouflage et permettent aux oiseaux de se confondre avec l'environnement; d'autres combinaisons de couleurs ont un effet inverse et rendent l'oiseau plus éclatant, pendant la parade nuptiale, par exemple, pour séduire un partenaire, ou pendant la parade d'intimidation, pour chasser un rival ou un prédateur.

Le camouflage

Le camouflage est un élément essentiel pour la protection d'un oiseau contre les prédateurs. En prenant les couleurs et les motifs de son habitat, celui-ci se confond avec son environnement et se rend moins visible. Les Fauvettes sont ainsi vert et brun ternes, comme les arbres. Le plumage des échassiers est souvent couleur de boue et les engoulevents, les mieux camouflés, peuvent dormir à découvert, en plein jour.
Beaucoup d'oiseaux changent également de couleur selon les saisons: le Lagopède alpin, par exemple, devient tout blanc en hiver et se confond avec la neige.
Les oiseaux nichant à même le sol sont à la merci des prédateurs lorsqu'ils couvent. C'est pourquoi le mâle et la femelle de presque toutes les espèces nichant au sol — les Canards, en particulier — sont tachetés de brun, de noir et de chamois, pour qu'ils soient presque invisibles. Les couleurs éclatantes sont réservées aux mâles des espèces nichant dans des endroits plus sûrs, comme les arbres, les trous et les falaises côtières.
Les oiseaux doivent cependant identifier leurs congénères; c'est pourquoi même les canards femelles diffèrent les unes des autres par de petits détails, selon les espèces.

La coloration disruptive

Pour se camoufler, l'oiseau ne se contente pas de se confondre avec son environnement. La coloration disruptive de son plumage — celui-ci est interrompu par des dessins grossiers et souvent irréguliers — casse en quelque sorte sa silhouette et lui permet de passer inaperçu.
Certains oiseaux, comme le Petit Gravelot, ont des marques très prononcées qui semblent les rendre plus voyants et plus vulnérables. Le collier noir de celui-ci, autour de sa gorge blanche, permet cependant de briser la ligne de son corps: les renards et ses autres prédateurs ont ainsi du mal à le distinguer, surtout lorsqu'il est au milieu de pierres grises.
Le Tournepierre et certains autres oiseaux ont un plumage différent. Le corps du Tournepierre est bariolé de gros motifs contrastants qui font qu'on le distingue avec peine. C'est souvent la tête de l'oiseau qui porte un motif particulier, de façon à cacher ses yeux — l'exemple de la Caille des blés et de ses huit croissants sur la tête est le plus caractéristique.

La Grive draine *a un camouflage très courant; le contraste de couleur entre son dos et son ventre neutralise les effets d'ombre et rend sa silhouette floue.*

La Bécasse des marais *a un plumage se confondant parfaitement avec les branches et les feuilles mortes; quand l'oiseau est immobile, au sol, il est pratiquement impossible de le voir.*

Le Bouvreuil mâle: *Comme la plupart des mâles, il est reconnaissable à son brillant plumage.*

DU PLUMAGE

Le plumage d'été

Les oiseaux prennent souvent un plumage beaucoup plus coloré en été; ainsi, chez les Canards, le sombre plumage d'hiver des mâles (le plumage d'"éclipse") laisse la place à une livrée d'été éclatante qu'ils déploient souvent au cours de leurs parades nuptiales élaborées, pour courtiser une femelle. Chez certaines espèces, la coloration du plumage d'été agit comme un signal; chez les Grands Tétras, par exemple, le mâle n'est prêt à s'accoupler que lorsqu'il voit ses congénères exécuter leur parade.

Les oiseaux déploient également leur plumage d'été pour menacer les intrus et avertir leurs rivaux, en particulier les mâles, qu'ils sont décidés à défendre leur territoire. L'hormone qui déclenche la mue rend certainement l'oiseau plus agressif.

Le Tournepierre à collier (à gauche) *est bien camouflé grâce à ses dessins en écaille sur le dos qui rendent sa silhouette imprécise.*

Le Grand Tétras (ci-dessus) *montre sa brillante livrée d'été à la fois pour courtiser une femelle et pour indiquer à ses rivaux ses intentions.*

COURRIER

Q J'ai vu l'autre jour dans un parc un groupe de flamants blancs mélangé à une colonie de flamants roses. Les flamants blancs appartiennent-ils à une espèce différente?

R Pas nécessairement. La coloration des flamants roses est due aux caroténoïdes. Les oiseaux absorbent ces pigments en mangeant certaines sortes d'algues et de crevettes. Si leur alimentation n'en comporte pas assez en captivité, leurs plumes commencent à perdre leur belle teinte rose. Heureusement on peut remédier à cela en leur offrant à nouveau une nourriture appropriée. Les immatures sont cependant blancs; leur plumage se colore petit à petit.

Q J'ai vu beaucoup de Mouettes rieuses avec une tache rose sur la poitrine. Est-ce que ce sont des mâles?

R Non. La plupart des oiseaux ont une glande qui secrète l'huile dont ils se servent pour lisser leurs plumes. On croit savoir que cette secrétion contient, chez la Mouette rieuse, des caroténoïdes. L'oiseau, lissant ses plumes avec cette secrétion, étale ce pigment sur sa poitrine.

Les Mouettes rieuses *sont aisément reconnaissables grâce au bout noir et bord antérieur blanc de leurs ailes; l'avant de l'aile sert à signaler aux autres mouettes que quelque nourriture est en vue.*

Des couleurs contrastées

Pratiquement tous les oiseaux, à l'exception de ceux qui se confondent par leur plumage avec leur environnement pour échapper au regard des prédateurs et également de leurs proies, offrent des contrastes de couleur. Leur plumage est généralement foncé sur le dos et pâle sur le ventre et la poitrine. Quelques-uns ont des dégradés de couleur, d'autres une ligne de démarcation.

Les ombres projetées par la lumière du jour se superposent à ces dégradés et ont tendance à être neutralisées. La silhouette de l'oiseau ne se détachant que grâce à ces ombres, on voit que le contraste de couleurs a également pour effet de le cacher.

Un signe de reconnaissance

Tous les oiseaux, qu'ils aient un comportement grégaire ou non, doivent pouvoir identifier leurs congénères. De petits éclairs de couleur, faisant si l'on peut dire office de badge, permettent de distinguer une espèce d'une autre, par ailleurs identique. Ainsi, les Mouettes et les oiseaux de proie ont des marques noires et blanches à l'extrémité des ailes, les Canards des bandes irisées sur les ailes et les Chardonnerets une tache jaune, sur l'aile également. Ces marques de reconnaissance, comme il en existe sur les avions, sont très courants chez les oiseaux grégaires car ils permettent à la colonie de se regrouper, dans les airs ou sur le sol.

De nombreuses espèces ont leur propre couleur de reconnaissance, qui facilitent leur identification. Ces couleurs ne sont généralement visibles qu'en vol. Bien qu'évidentes, elles ne doivent pas non plus être trop voyantes car elles attireraient l'attention des prédateurs — elles se limitent généralement à la queue, au croupion et au dessous des ailes. Ces taches sont invisibles lorsque l'oiseau est au sol, mais elles apparaissent dès qu'il s'envole, alerté par un cri d'alarme. Ainsi, le Vanneau huppé révèle un ventre blanc lorsqu'il vole. Il faut donc observer les oiseaux juste après leur envol.

LE DÉPLA

La façon dont les oiseaux se déplacent sur le sol ou dans les arbres est si caractéristique qu'il est souvent possible de découvrir à quel groupe ils appartiennent ou même de les identifier immédiatement

Un perpétuel mouvement

Certains oiseaux passent une grande partie de leur temps à voler, d'autres à nager. La plupart ne s'éloignent presque jamais du sol et ont développé une façon de se mouvoir à l'intérieur de leur habitat qui leur est propre: le Moineau domestique sautille; d'autres oiseaux comme le Bécasseau sanderling, marchent, d'autres encore grimpent, volètent, marchent dans l'eau ou semblent toujours en train de courir. L'observation du déplacement d'un oiseau facilite à coup sûr son identification.

La façon de se déplacer est bien entendu étroitement liée au comportement alimentaire de l'oiseau — bien que les oiseaux ayant les mêmes habitudes alimentaires ne se déplacent pas nécessairement de la même façon. Les Rouges-queues et les Traquets moteux, par exemple, se nourrissent tous deux de petits insectes à terre, les premiers fondant sur leur proie d'un perchoir peu élevé, les seconds courant sur le sol, par petites étapes.

Les marcheurs

Peu d'oiseaux d'Europe sont de véritables marcheurs, à l'exception de ceux qui se nourrissent dans les champs, où la marche est facile. Parmi les marcheurs, citons l'Outarde barbue et l'Outarde canepetière, qui sillonnent les champs comme de petites autruches, et le gibier à plume, comme les Faisans, les Perdrix et les Tétras. À l'automne, on voit souvent des Faisans vagabondant dans les champs à la recherche de graines et d'insectes.

Les Vanneaux, les Pluviers dorés et les Corneilles sont également des marcheurs — les Corbeaux freux, en particulier, passent une bonne partie de leur temps à errer dans les champs. S'ils sont harcelés, ils se contentent de sautiller maladroitement et ne se mettront jamais à courir de toutes leurs forces. Les moineaux sautillent aussi constamment alors que les Fauvettes des haies marchent la plupart du temps en traînant les pattes et la tête baissée, à la recherche de leur nourriture.

1. Les Moineaux se déplacent par petits bonds 2. Le Courlis de terre court la tête rentrée dans les épaules 3. Les Rouges-queues fondent sur leur proie d'un perchoir 4. Le Bécasseau variable donne des petits coups de bec dans la boue 5. La Sittelle torchepot descend en spirale 6. Les Fauvettes des friches font de courtes incursions 7. Le Bécasseau sanderling suit le mouvement des vagues.

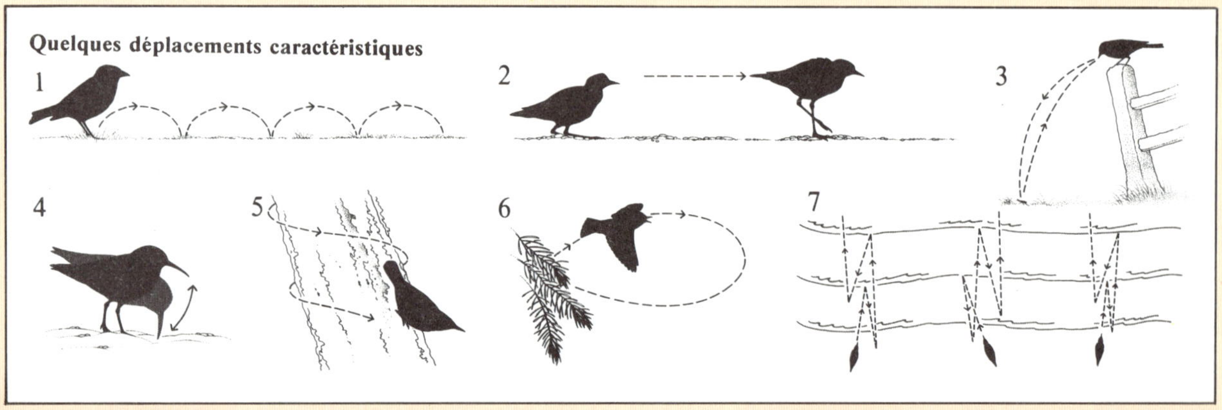

Les échassiers

Les oiseaux se nourrissant de plantes et d'animaux aquatiques doivent se déplacer lentement dans l'eau et aux alentours pour trouver leur nourriture.

Les hérons et les différentes espèces de chevaliers marchent les chevilles ou les cuisses dans l'eau, selon leurs habitudes alimentaires et, par conséquent, leur façon de se déplacer. Les Hérons cendrés, par exemple, guettent les poissons sans bouger, tandis que les Spatules blanches bougent sans arrêt et balaient la surface de l'eau avec leur bec, à la recherche d'insectes et de coquillages.

Le Bécasseau variable, rarement au repos, est souvent immobile et se contente de sonder la boue en donnant de petits coups de bec dans l'eau. Le Bécasseau minute, par contre, attrape de petits animaux aquatiques à la surface.

Barge rousse (ci-dessus): *La longueur des pattes et du bec de cet oiseau fait que ses habitudes alimentaires sont différentes de celles de la plupart des échassiers.*

Les percheurs

Il est surprenant de voir que beaucoup d'oiseaux restent de longs moment perchés, sans faire un mouvement. C'est le cas des oiseaux de proie, en particulier; ceci s'explique en grande partie par le fait que lorsqu'un de ces oiseaux a capturé une proie, sa nourriture est assurée pour la journée.

Le Busard, comme bon nombre d'oiseaux d'ailleurs, chasse principalement en se jetant sur sa proie d'un perchoir. On voit souvent des Pies grièches guettant une proie d'un perchoir peu élevé, comme un fil électrique, par exemple. Le Rouges-queues utilisent la même technique; c'est pourquoi on les remarque beaucoup plus que les Fauvettes qui volètent constamment dans les arbres, juste au-dessus d'eux. Les Traquets tariers et les Traquets pâtres sont également des percheurs.

CEMENT

Le Bécasseau sanderling (ci-dessus, à gauche) *est un excellent coureur qui se nourrit dans le sillage des vagues.*
La Grive musicienne (en haut, à droite) *court de façon saccadée dans les jardins, et s'arrête brusquement pour saisir une proie.*
Le Courlis de terre (à gauche) *a une démarche très caractéristique; il s'immobilise la tête dans les épaules, au beau milieu de sa course.*

Les coureurs

Lorsque l'on voit un oiseau courir dans les champs ou sur un rivage, on peut être pratiquement certain qu'il s'agit d'un oiseau se nourrissant sur le sol. En effet, seuls ces oiseaux ont des pattes suffisamment longues et agiles pour courir rapidement.
Leur façon de se déplacer permet généralement de les identifier. Les Courlis de terre, ou Grands Pluviers, sont de très bons coureurs; lorsqu'ils sont dérangés, ils s'éloignent rapidement, la tête dans les épaules. Leurs cousins, les Pluviers, courent également bien. Les Gravelots courent comme des automates sur les cailloux et s'arrêtent brusquement pour guetter une proie.
Les Merles et les Grives musiciennes courent sur les pelouses des jardins à la façon brusque des Gravelots. Leurs cousins, les Fauvettes grisettes, ont à peu près la même façon de courir. Si l'on voit en montagne un oiseau courir rapidement et s'immobiliser brusquement, il y a de bonnes chances que ce soit une Fauvette grisette.
Le Bécasseau sanderling est le meilleur des coureurs. Sur les rivages balayés par la mer, on voit ces échassiers se précipiter en avant, par petits groupes, à chaque fois qu'une vague se retire, pour attraper les minuscules animaux aquatiques laissés par l'eau; dès qu'une autre vague déferle, ils se reculent précipitamment et parcourent ainsi des distances énormes bien qu'ils ne s'éloignent pas plus de quelques mètres de leur point de départ.

Les arboricoles

Parmi les oiseaux qui vivent dans les arbres, on aime généralement beaucoup les nombreuses espèces de Mésanges, mais on confond souvent les Fauvettes. Il est souvent très difficile d'identifier les petits oiseaux qui volètent dans les feuilles.
Les Mésanges sont relativement faciles à reconnaître car elles se déplacent de façon méthodique: pour extraire leur nourriture, elles restent perchées ou suspendues la tête en bas au même endroit, pendant plusieurs secondes. Les Fauvettes restent rarement plus d'une seconde sans bouger et disparaissent de notre vue avant qu'on ait pu les identifier. Mais leur mobilité même peut être un indice, chaque espèce ayant une façon bien particulière de se déplacer.
Les Pouillots véloces et les autres fauvettes des forêts attrapent souvent des insectes sur les feuilles en faisant du sur place, alors que les fauvettes habitant des régions plus dégagées, comme la Fauvette grisette, volètent généralement à la manière des Gobemouches. Les Fauvettes des marais, comme la Fauvette des roseaux, grimpent et se cachent généralement pour manger alors que l'Hypolaïs polyglotte et l'Hypolaïs ictérine se fraient difficilement un passage dans les feuilles.

Le Pic épeiche (ci-dessus) *est un excellent grimpeur: ses deux doigts pointés vers l'arrière lui permettent de grimper facilement aux arbres.*

COURRIER

Q J'observais récemment un groupe de petits oiseaux gris courir sur la plage en suivant les marées; il y avait aussi quelques oiseaux plus gros et plus bruns au bout de la plage. Pouvait-il s'agir de Tournepierres?
R Les oiseaux bruns pouvaient effectivement être des Tournepierres car les oiseaux gris étaient certainement des Bécasseaux sanderling, et ces deux espèces ont l'habitude de pêcher ensemble.
Q Il y a quelques jours, je regardais un petit oiseau blanc et noir agrippé à l'une des plus hautes branches d'un arbuste. Il grimpait sur une minuscule branche, à découvert. J'ai pensé que c'était une Mésange, mais la coloration de son plumage ne correspondait pas.
R C'était certainement un Pic épeichette. Cet oiseau n'est pas plus gros qu'un Moineau et grimpe effectivement sur de minuscules branches, là où ses grands cousins ne peuvent aller. Les Mésanges sont aussi très agiles mais elles n'ont pas cette façon traînante de grimper, qui est propre aux Pics.
Q J'ai vu récemment un petit oiseau à collier blanc perché. De temps en temps, il se laissait tomber sur le sol puis remontait. Lorsque je m'approchai, il alla se poster plus loin et recommença son manège. De quel oiseau pouvait-il s'agir?
R Différentes espèces de Traquets se comportent de cette façon et cet oiseau en était certainement un, probablement un Traquet pâtre ou un Traquet moteux; les Fauvettes grisettes ont parfois un comportement identique, mais le collier blanc que vous avez vu indique qu'il s'agissait probablement d'un Traquet pâtre mâle.

Les grimpeurs

Beaucoup d'oiseaux passent la plupart de leur temps dans les arbres; certains, comme les Pics, ont une morphologie particulière leur permettant de grimper le long des troncs. Contrairement aux autres oiseaux qui ont trois doigts pointés vers l'avant et un seul vers l'arrière, les Pics ont deux doigts pointés vers l'avant et deux pointés vers l'arrière, ce qui leur assure une meilleure prise. Les Pics épeiches sont même si spécialisés que s'ils se trouvent en pleine campagne, ils grimperont aux barrières ou même à un jeune arbre, plutôt que de marcher à terre.
Bien que la plupart des grimpeurs remontent le tronc des arbres, la Sittelle torchepot ne craint pas la descente. La Sittelle des rochers a tout simplement déserté les arbres et escalade les rochers, même à pic, et les falaises.

INDEX

(Les chiffres **en caractères gras** se réfèrent aux illustrations)

Crédits photos

Acquila: 7(tl) A.J. Richards, 7(cl) R.T. Mills, 7(bl) Michael Leach, 24(r) R.T. Mills, 35(bl) W.S. Paton, 52(l) M.C. Wilkes, 56/7 M.C. Wilkes, 64(t) Dennis Green, 65(t) Wayne Lankinen, 67(tl) J.B. Blossom, 72(t) R.T. Mills, 76/7 N. Rodney Foster, 90(t) M.C. Wilkes, 103(b) A.T. Moffett
Heather Angel: 7(tr)
Ardea: 14(t), 17(b) Wolfgang Wagner, 18 Andre Fatras, 28 Jens Peter Laub, 30(t) Alan Weaving, 40(l) Werner Curth, 41(b) P. Morris, 43(c) François Gohler, 46/7 Kenneth W. Fink, 47(cr) Chris Knights, 48 Ian Beames, 51(t) Jean Paul Ferrero, 52(r) J.E. Swedberg, 52/3 Ake Lindau, 58(t) Ian Beames, 62/3 Kenneth W. Fink, 68 Kenneth W. Fink, 68/9 Ian Beames, 78 Andre Fatras, 83(br) Werner Curth , 92 B.L. Sage, 100(b) R.J.C. Blewitt, 102(b) J.B. & S. Bottomley
Arthur Christiansen: 10, 85(t), 97(br)
Bruce Coleman Ltd: 16(t) Roger Wilmshurst, 20(tr) John Markham, 24(l) Roger Wilmshurt, 25(tl, bl) Hans Reinhard, 26 Roger Wilmshurt, 27(b) Jane Burton, 31 J.L.G. Grande, 32(b) Rod Williams, 42(l) Jane Burton, 44(b) Roger Wilmshurst, 46 E. Duscher, 55 Giuliano Capelli, 66(t) Dennis Green, 67(tr) L.R. Dawson, 69(b) Francisco Futil, 80(t) G. Ziesler, 86(b) Charlie Ott, 93(tl) B & C Calhoun, 96(c), 96/7 Giuliano Capelli, 98/99 Hans Reinhard, 99(tl) J. & C. Bartlett, 100(c) Roger Wilmshurst, 100/1 B & C Calhoun, 102(t) P.A. Hinchcliffe, 103(t) P.A. Hinchcliffe
Dr G.H. Fisher: 74
GDT-Tierfoto: 84(t) Wernicke, 88(b) Arndt, 88/9 Arndt, 93(tr) Thies
Dennis Green: 99(tr)
Frank Greenaways: 34
Eric & Davis Hosking: 29(bl), 71(t), 73(b)
Jacana: 4 Manfred Danneggar, 35(tr) Manfred Danneggar, 46(t) Manfred Danneggar, 48/9 Shigeru Matsui, 49(t) Varin-Visage, 49(c) Pissavini, 59(t) Haes, 60 M & A Boët, 94/5 B. Hawkes, 96(t) Nardin
Frank Lane Agency: 50(b), 56(l) François Merlet, 101(t) W. Wisniewski
Natural History Photographic Agency: 11(b) Murtomaki, 18/9 Stephen Dalton, 20(tl) Stephen Dalton, 23(bl) E.A. James
Nature Foto Grafernas: 86(t) Arne Blomgren, 90(t) Bengt Lundberg
Nature Photographers Ltd: 38(t,b) H. Brown, 43(b) Peggy Heard, 47(tr) G & J Knights, 50(bl) Owen Newman, 67(c) Lanceau, 75(tr) A.K. Davies, 79(t) Chaumeton-Hellio, 82 Chaumeton-Hellio, 88(t) Frank Blackburn, 100(t) E.A. James, 102/3 T. Andrewartha
Oxford Scientific Films: 15(t) Mihok/Survival Anglia, 29(br) Chris Knights/ Survival Anglia, 42/3 M. Wilding, 57(t) M.R. Tibble, 65(c,b), R & J Kemp/ Survival Anglia, 74/5 C.R. Knights, 101(b) P.K. Sharpe
Pitch: 20(b) J.C. Carton, 22(t) E. Duscher, 32(t) J.C. Carton, 37(t,b) Vienne-Bel, 54(br) Binois, 63(t,b) Vienne-Bel, 73(t) J.C. Bacle, 76(b) C. Dejoux, 81(bl) P. Montoya
Photo Researchers Inc.: 11(t)
Royal Society for the Protection of Birds: 12, 35(tl) A.C. Clay, 98(t)
Eric Soothill: 94
Ron Sutherland: 6/7

Illustrations

Trevor Boyer: 15(b), 17(b), 27(tr), 33(tr), 41(r), 45, 57(bl), 59(bl), 70(c)
Hilary Burn: 29(tr), 93(b), 95(bl)
Harry Clow: 61(b), 67(b)
Brian Delf: 51(br), 54
Bernard Fallon: 96(b), 97(bl)
Alan Harris: 47(bl), 49(bl), 72(tr), 75(bl), 77(bl), 84(c), 85(b), 87(t&b)
Peter Hayman: 62(bl)
Rodney Ingram: 58(b)
Aziz Khan: 13(br), 36(tr)
Terence Lambert: 8/9, 13, 14(b), 21(r), 23, 25(r), 30(br), 39, 60(b), 64(b), 71(br), 96/7(b)
Seane Milne: 79(b), 80(b), 81(c), 83(l)
Colin Newman: 13(tr), 17(tl), 22(b), 36(tl), 39(b), 64(cr), 64(cr), 66(b), 102(c)
Denys Ovenden: 36(b), 90(bl & br), 91(b)
Darren Rees: 95(tl)
Philip Snow: 33(bl)
Rod Sutterby: 13(bl), 14(br), 15(br), 16(bl), 17(tc), 21(bl), 22(c), 25(br), 27(br), 29(c), 30(bl), 33(tl,br), 36(br), 39(t), 41(tl), 45(bl), 47(bc), 49(br), 51(bl), 54(c), 57(r), 59(br), 60(c), 61(t), 62, 64(cl), 70(bl), 71(bl), 72(bl), 75(bl), 77(br), 79(c), 80(bl), 81 (t), 83(tr), 84(b), 87(tr, bl), 91(c), 93(cr)
David Wright: 21(tl,cl), 27(c), 29(tl), 32/3, 40(r), 45(tr), 47(br), 70(t), 75(c), 93(cl)